以

藝術之名毀了這本書吧!

POP OUT ART

麥可・巴菲爾德 Mike Barfield 著
蕭秀姍 譯

商周教育館 25
以藝術之名毀了這本書吧！

作者—— 麥可・巴菲爾德
譯者—— 蕭秀姍
企劃選書—— 羅珮芳
責任編輯—— 羅珮芳
版權—— 吳亭儀、江欣瑜
行銷業務—— 周佑潔、林詩富、賴玉嵐、賴正祐
總編輯—— 黃靖卉
總經理—— 彭之琬
事業群總經理—— 黃淑貞

發行人—— 何飛鵬
法律顧問—— 元禾法律事務所王子文律師
出版—— 商周出版
115 台北市南港區昆陽街 16 號 4 樓
電話：(02) 25007008・傳真：(02)25007759
發行—— 英屬蓋曼群島商家庭傳媒股份有限公司城邦分公司
115 台北市南港區昆陽街 16 號 5 樓
書虫客服服務專線：02-25007718；25007719
服務時間：週一至週五上午 09:30-12:00；下午 13:30-17:00
24 小時傳真專線：02-25001990；25001991
劃撥帳號：19863813；戶名：書虫股份有限公司
讀者服務信箱：service@readingclub.com.tw
城邦讀書花園：www.cite.com.tw
香港發行所—— 城邦（香港）出版集團
香港九龍土瓜灣土瓜灣道 86 號順聯工業大廈 6 樓 A 室
電話：(852) 25086231・傳真：(852) 25789337
E-mail: hkcite@biznetvigator.com

馬新發行所—— 城邦（馬新）出版集團【Cite (M) Sdn Bhd】
41, Jalan Radin Anum, Bandar Baru Sri Petaling,
57000 Kuala Lumpur, Malaysia.
電話：(603) 90563833・傳真：(603) 90576622
Email: services@cite.my

封面設計—— 林曉涵
內頁排版—— 陳健美
印刷—— 中原造像股份有限公司
經銷—— 聯合發行股份有限公司
電話：(02)2917-8022・傳真：(02)2911-0053
地址：新北市 231 新店區寶橋路 235 巷 6 弄 6 號 2 樓

初版—— 2019 年 3 月 28 日初版
2024 年 3 月 14 日初版 5.5 刷
定價—— 250 元
ISBN—— 978-986-477-624-5

國家圖書館出版品預行編目 (CIP) 資料

以藝術之名毀了這本書吧！ / 麥可・巴菲爾德 (Mike Barfield) 著；蕭秀姍譯. -- 初版. -- 臺北市：商周出版：家庭傳媒城邦分公司發行, 2019.03
面； 公分. -- (商周教育館 ; 25)
譯自：Pop out art
ISBN 978-986-477-624-5(平裝)

1. 手工藝

426　　108001033

線上版回函卡

目錄

關於作者

麥可．巴菲爾德身兼作家、漫畫家、詩人及演員身分。
他曾任職於電視台和廣播電台，
也在學校、圖書館、博物館和書店工作過。
他是「毀了這本書吧！」系列的作者。

前　言

本書讓你把玩整個美術館的藝術作品，

書中有許多手作遊戲可以剪下、黏起、摺成形，還可加以著色及畫圖，

所有遊戲的靈感皆來自著名藝術品及藝術家。

請完成自己的小小傑作，並在過程中充分享受樂趣。

這是知識的饗宴，你將會獲得趣味十足的知識。

不需要任何昂貴或少見的美勞用品就能動手創作你的藝術品。

只要用各種筆、剪刀、美工刀及黏膠幾乎就能完成所有作品，

最多再加上幾個迴紋針及雙腳釘也就夠了（藝術家所戴的帽子及絲巾不是必備品）。

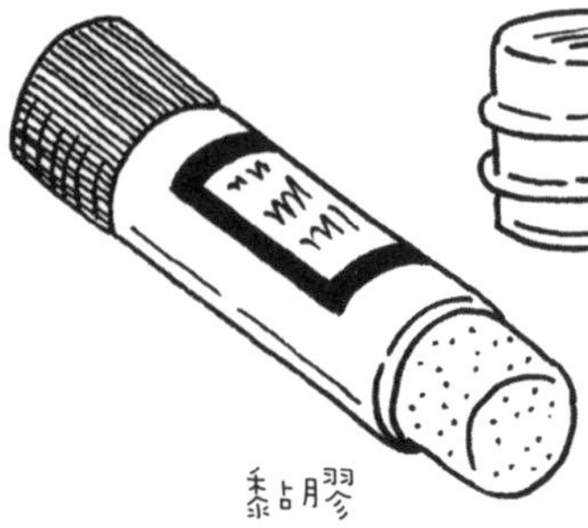

黏膠

剪刀及美工刀

各種筆

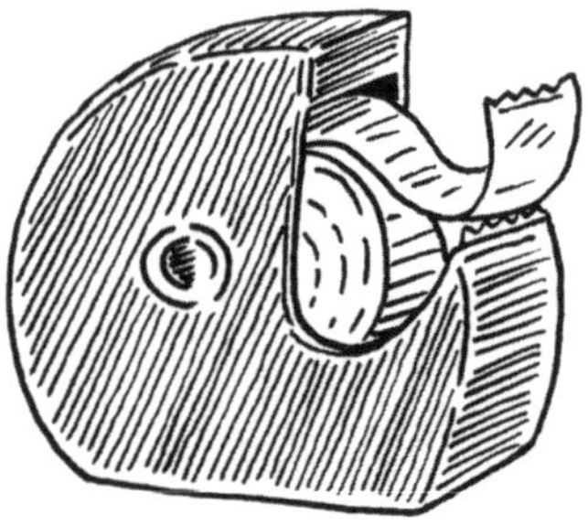

膠帶

迴紋針及雙腳釘

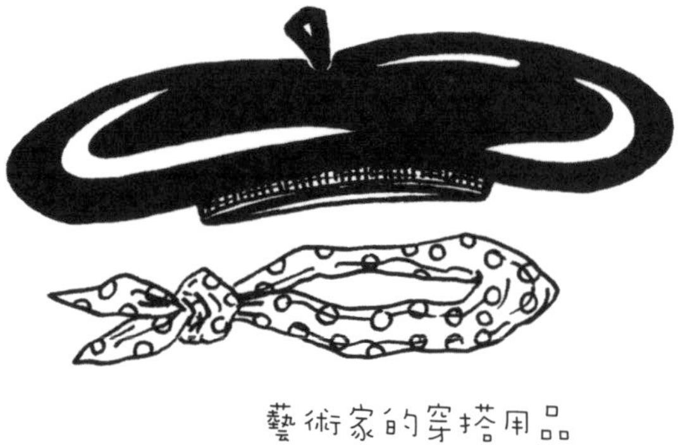

藝術家的穿搭用品
（非必備）

☆ 開始動手創作吧！

活靈活現

讓古老壁畫
活靈活現

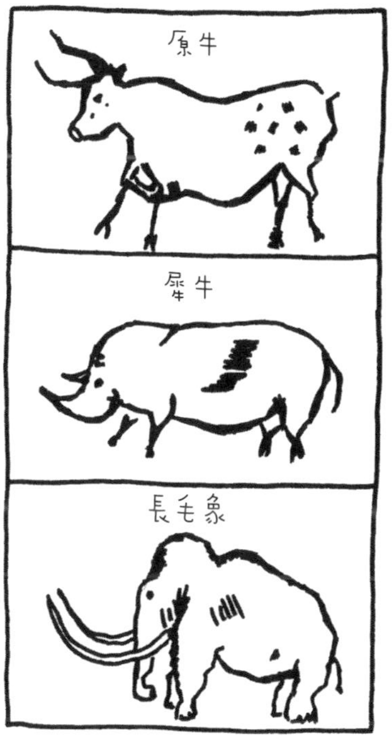

洞穴藝術大約可以追溯到1萬4,000年前至4萬年前。當時的人類藉著火光在黑暗的洞穴中作畫，描繪的主題常是動物。其中有部分的動物，像原牛及長毛象，目前都已經滅絕。

研究學者認為這些以礦石粉末上色的壁畫，在閃爍的火光中看起來像是會動一樣。試著讓下方洞穴壁畫中的馬跑起來吧！

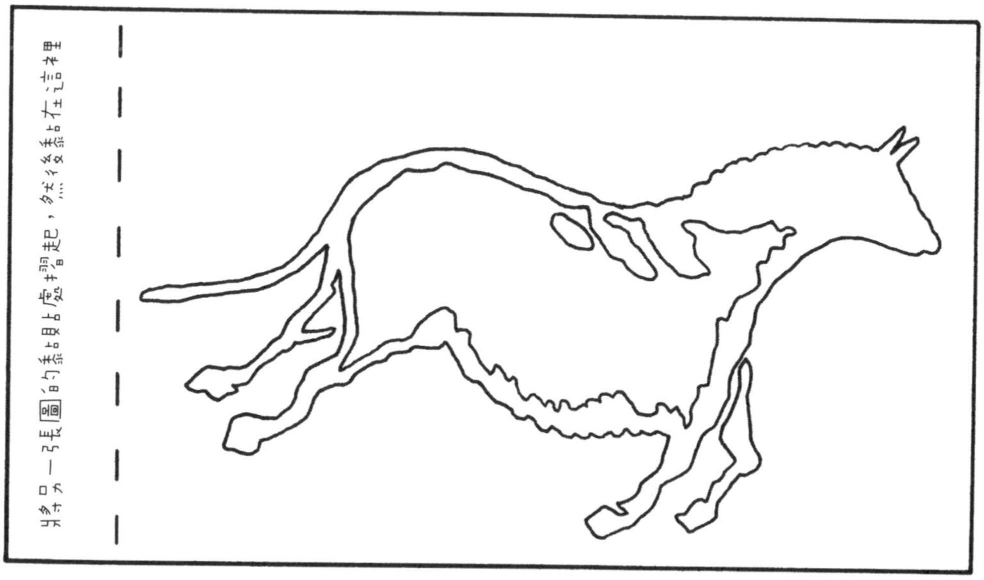

這些馬匹壁畫是在法國拉斯科洞穴中被發現。請為馬匹塗上土紅色及土棕色，接著翻到下一頁。

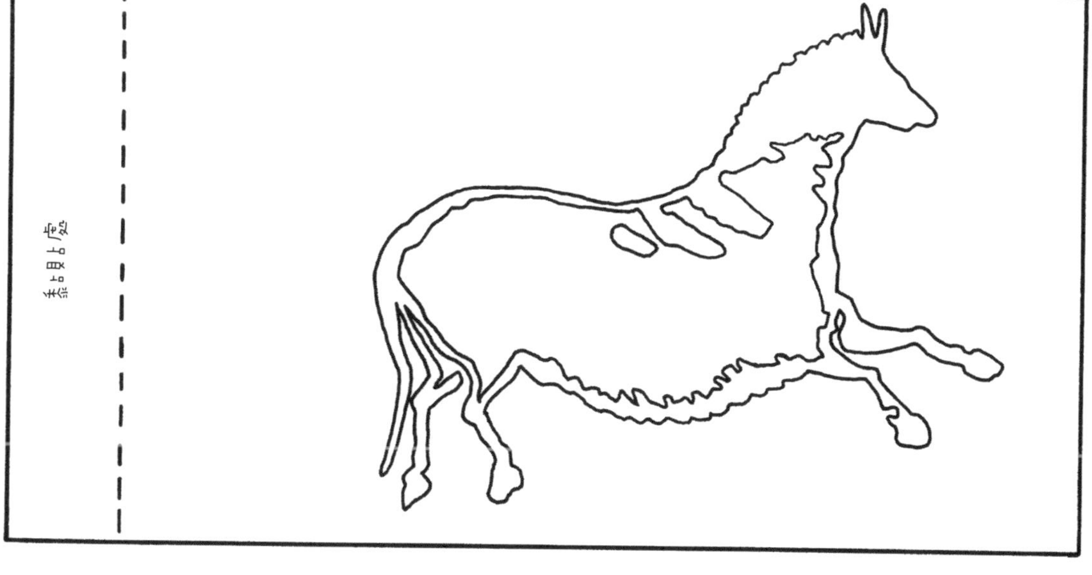

請接下頁！

讓馬跑起來的方法

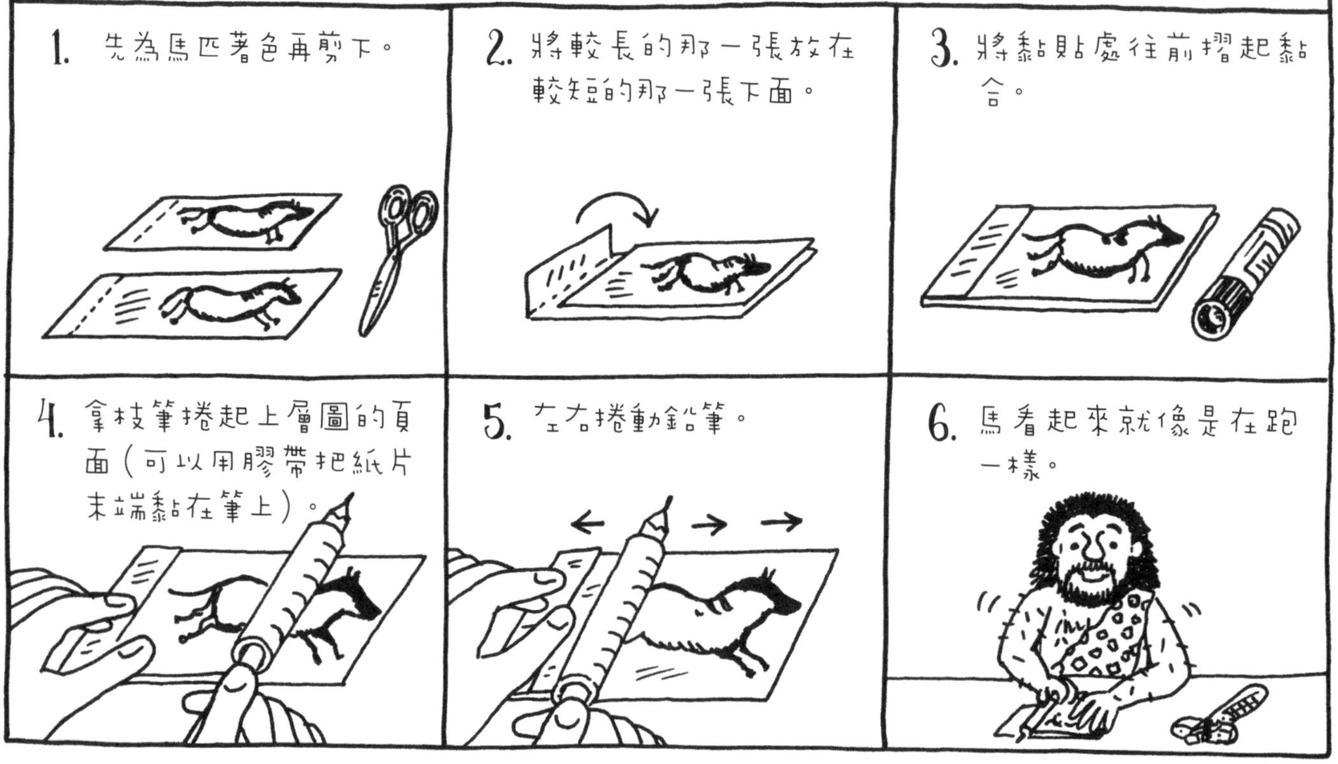

1. 先為馬匹著色再剪下。
2. 將較長的那一張放在較短的那一張下面。
3. 將黏貼處往前摺起黏合。
4. 拿枝筆捲起上層圖的頁面（可以用膠帶把紙片末端黏在筆上）。
5. 左右捲動鉛筆。
6. 馬看起來就像是在跑一樣。

你知道嗎？

這是種簡易的手翻動畫書。你的眼睛會將2個圖像合併，產生馬跑起來的錯覺。

兵馬俑

1974年在中國古墓中發現了超過7,000個真人大小的黏土士兵雕像，這些就是「兵馬俑」。

☆ 兵馬俑由中國第一位皇帝「秦始皇」（西元前259年～210年）下令製造。

☆ 讓人驚奇的是，每個兵馬俑的表情都不一樣。不過下面有2個兵馬俑的表情是一樣的，你找得出來嗎？

秦始皇

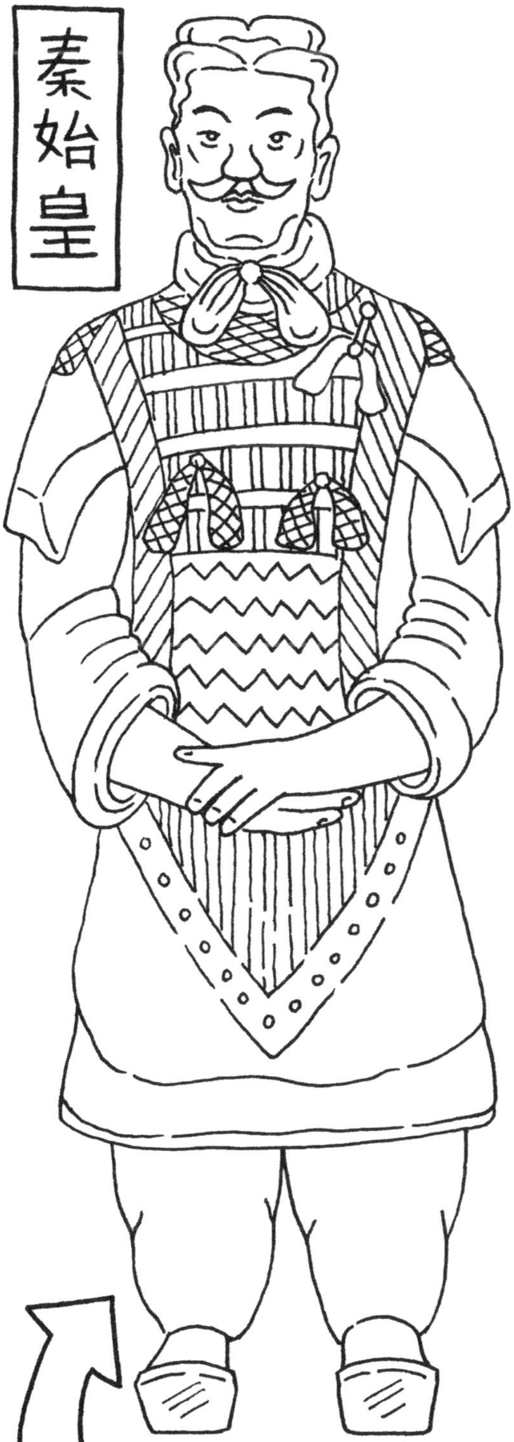

這個兵馬俑的身高超過180公分！

這個兵馬俑是位將軍。
所有的兵馬俑目前都是灰色，
但他們其實曾被塗上
非常亮麗的色彩。

在空白處畫上更多的臉。

正著看，倒著看？

這幅蔬菜籃的油畫出自義大利藝術家朱塞佩·阿爾欽博托（1527年～1593年）之手。阿爾欽博托以描繪蔬菜水果聞名於世。

將這幅畫倒過來看，就會發現一個有著大鼻子及鬍子的「蔬菜園丁」。

請為這張圖著上顏色。

創作一幅像這樣正著看、倒著看都可以的畫作是很有趣的。
許多這樣的畫裡都藏著2張臉。
額頭的皺紋成了嘴巴，頭髮成了鬍子，帽子成了衣領！

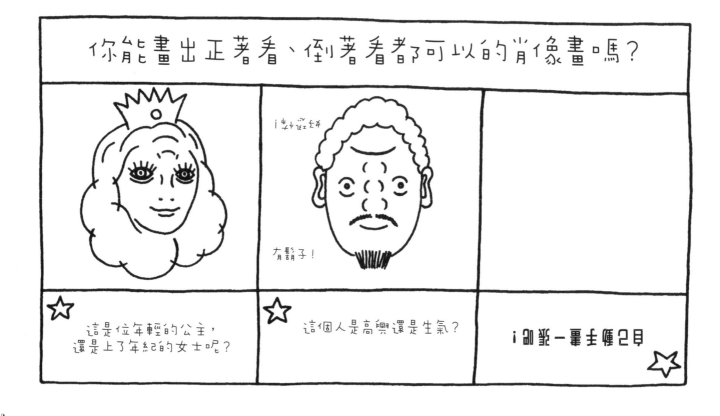

你能畫出正著看、倒著看都可以的肖像畫嗎？

☆ 這是位年輕的公主，
還是上了年紀的女士呢？

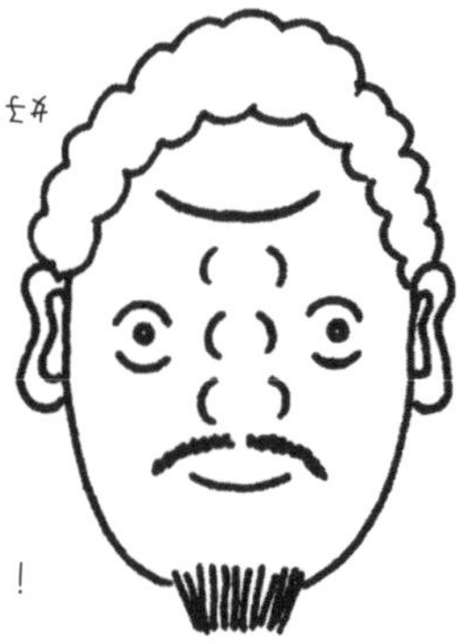

☆ 這個人是高興還是生氣？

自己動手畫一張吧！ ☆

讓彩虹旋轉吧！

藝術家混合顏料創造出上千種不同的色彩及明暗。

將「紅、藍、黃」三原色兩兩混合，就可以產生「紫、橙、綠」這三種二次色。

莫內（1840年～1926年）會在木製調色盤上混合油畫顏料，再塗到畫布上。

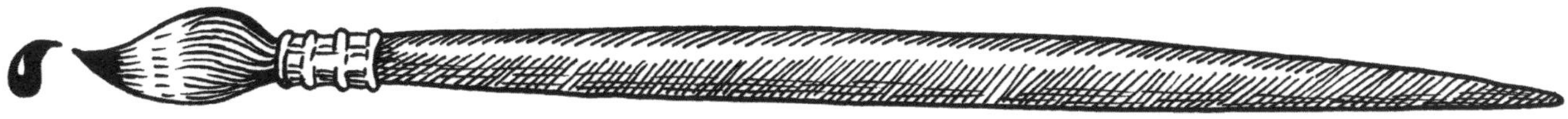

將三原色及二次色混合，就會產生6種「三次色」，這些顏色在下面的色盤上都有自己的區塊。每個二次色及三次色都是由鄰接的2個顏色混合而成。

☆ 按照說明將色盤塗上顏色後，將虛線所夾的兩個半弧形割開，再剪下色盤，接著翻到下一頁。

著色說明：

三原色

1. 紅色
2. 黃色
3. 藍色

二次色

4. 橙色
5. 綠色
6. 紫色

三次色

7. 紅橙色
8. 黃橙色
9. 黃綠色
10. 藍綠色
11. 藍紫色
12. 紅紫色

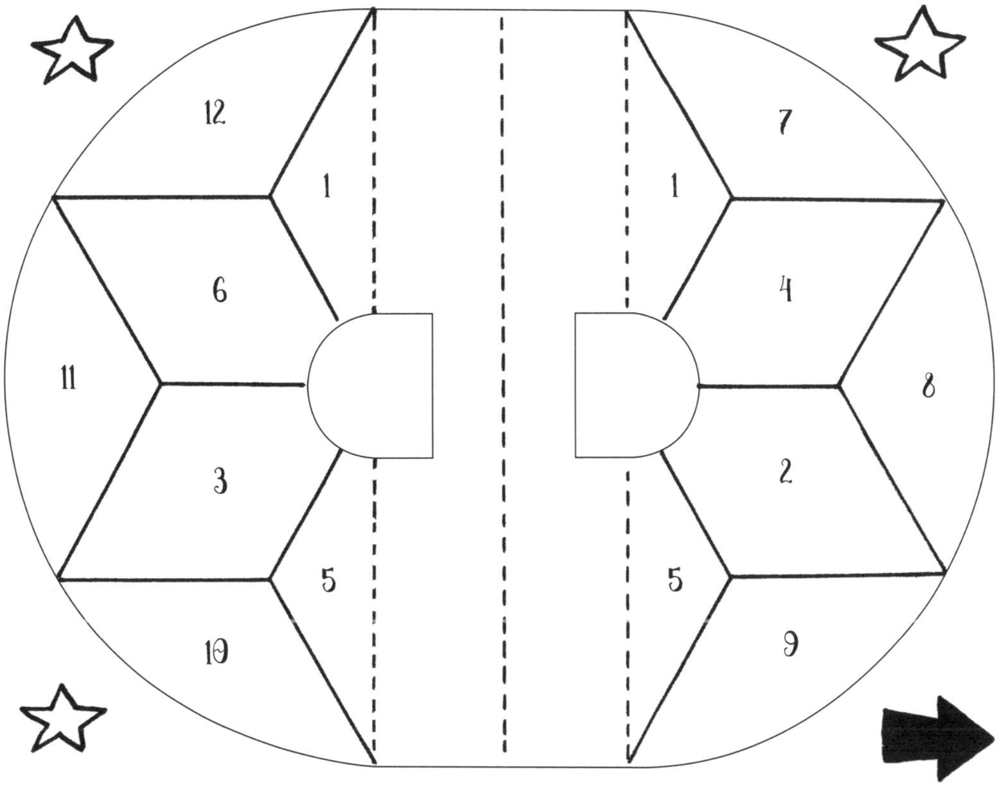

物體會有顏色是因為反射了特定波長的可見光，使這些光波進到我們的眼睛裡。紅色的物體反射紅光，綠色的物體反射綠光，以此類推。

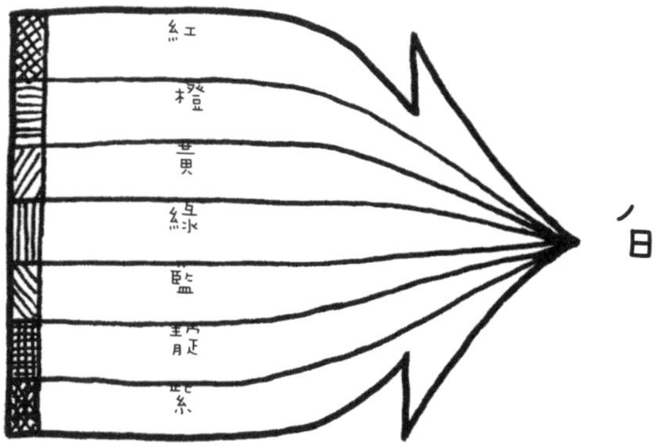

會反射七彩光波的物體看起來就是白色的，而會吸收所有顏色的物體看起來就是黑色的。

旋轉色輪的作法

快速旋轉色輪就可以「混合」色輪上的顏色。
應該會出現偏白的色調。

1. 沿著色輪中間的3條虛線摺好握把處，並將黏貼處黏合。
2. 翻面在色輪下方的2個硬幣黏貼處，用膠帶各貼上1枚硬幣。
3. 在中間的空隙處用膠帶黏上1枚硬幣或1顆彈珠。
4. 在堅硬平滑的桌面上轉動色輪。

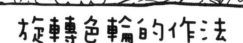

藝術家使用色輪已有數百年之久。

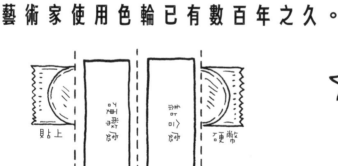

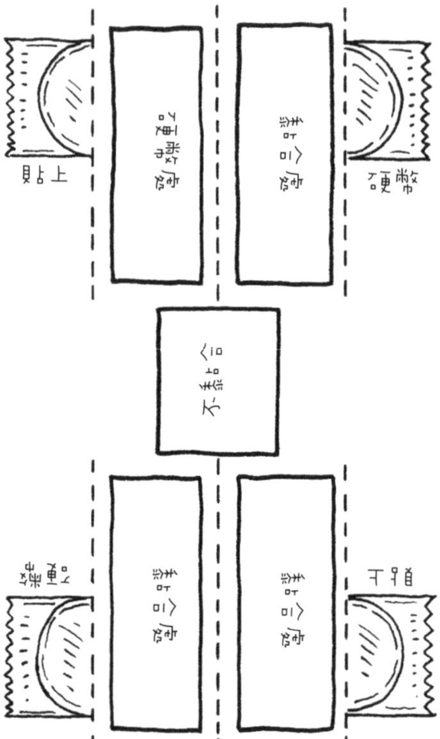

在色輪上
位置相對的顏色
稱為
互補色。

紅色 ⟷ 綠色

藍色 ⟷ 橙色

黃色 ⟷ 紫色

將這些顏色
擺在一塊，
會讓顏色感覺
起來更鮮明。

巨石像

動手做個
復活節島的
巨石像吧！

位於東南太平洋的復活節島
以巨石像聞名全球。

「摩艾」巨石像
是500年前
利用火山岩雕刻而成。
迷你摩艾石像的
作法如下：

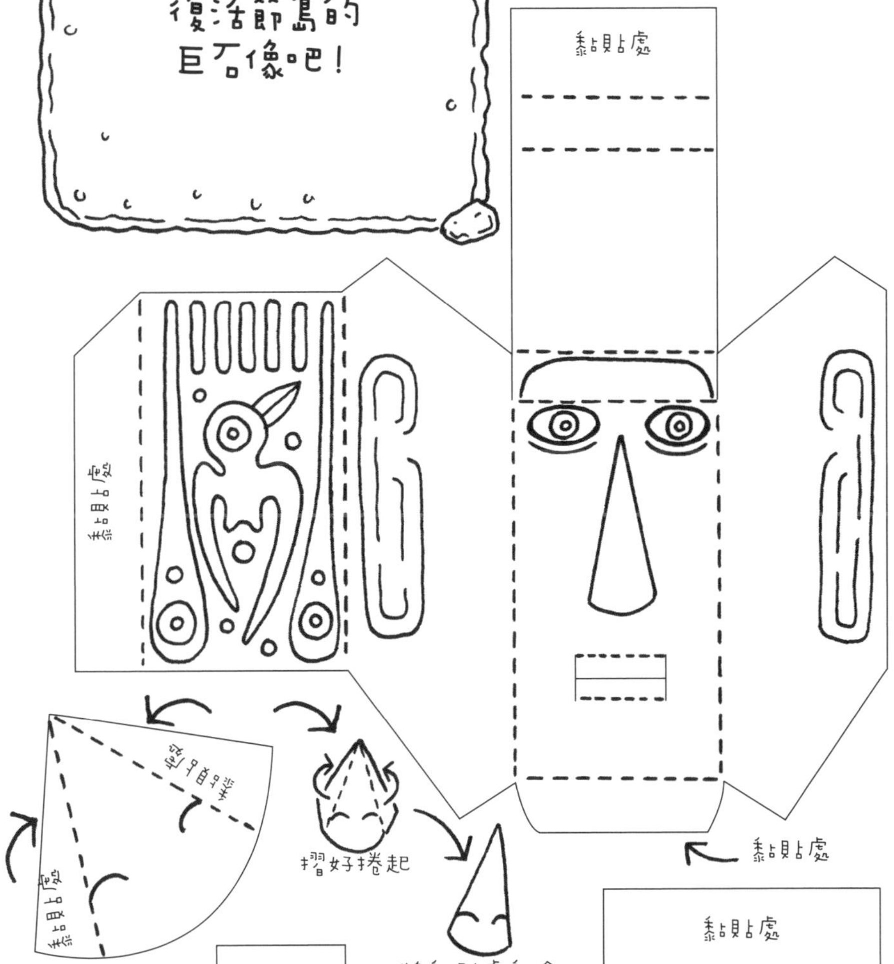

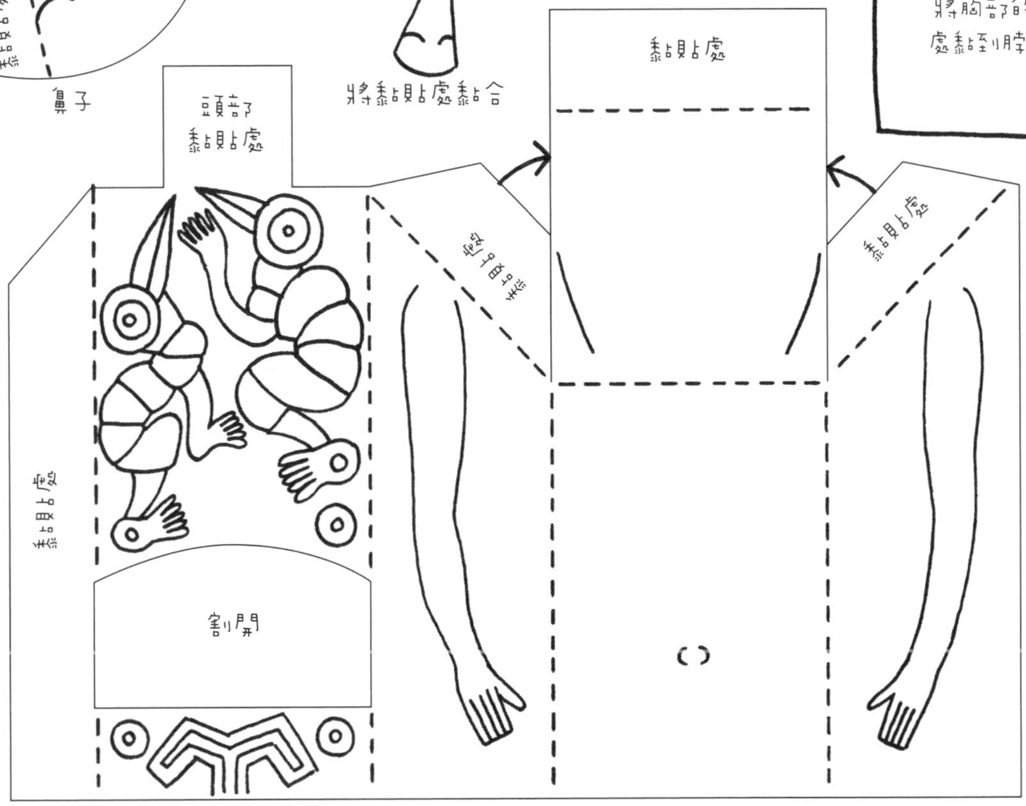

1. 將石像的各部分著色並剪下。

2. 製作石像身體。

將側邊的黏貼處黏合，形成立方體。

將胸部的黏貼處黏到脖子上。

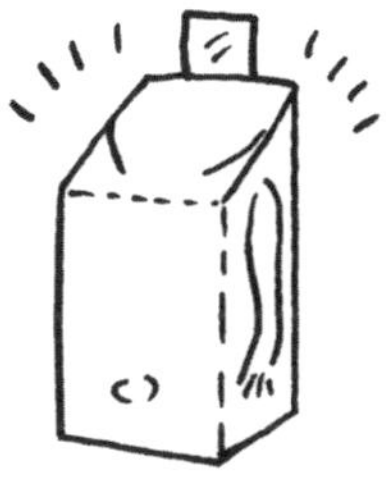

然後……

3. 做出如下圖的鼻子。

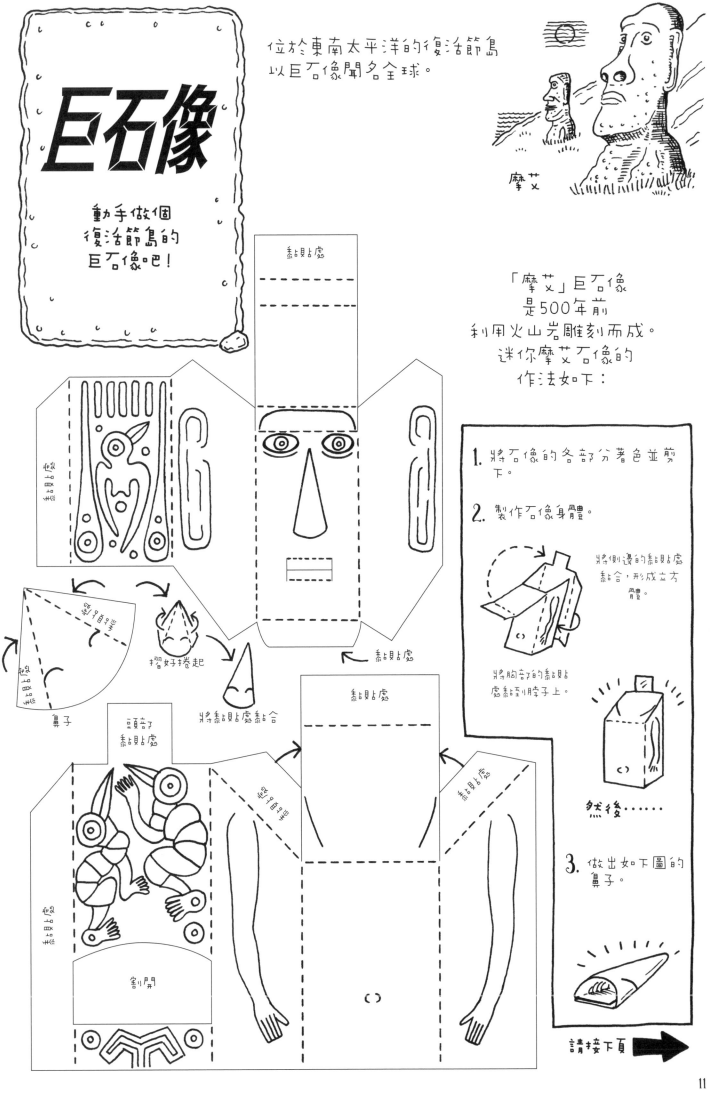

請接下頁

4. 製作頭部。
將側邊黏貼處黏合，形成立方體。
黏合
黏合
摺出突起的眉毛，再將頭部後方的黏貼處黏合。
5. 加上鼻子。
摺出下巴。
6. 從頭部內側推出嘴唇，再將頭部黏到身體上。
完成！
大多數的摩艾巨石像都有著藏在土裡的巨大身體。
嗨！
2根手指穿過石像背後的空隙，就成了石像的雙腳了。
研究學者認為，復活節島上的原住民是為了紀念祖先而雕刻了摩艾石像。

無窮無盡的風景

下方卡片上有一幅想像中的風景。請著色後沿實線剪成小卡片，並將這些卡片排列組合出無窮無盡的各式美景。

風景畫所描繪的是鄉村或自然景觀，有時也包含人物。

約翰·康斯塔伯（1776年～1837年）、莫內（1840年～1926年）及大衛·霍克尼（1937年出生）都是偉大的風景畫家。

請在下方的空白卡片上畫出你的美景。記得道路、河流及山線要跟兩旁的卡片對齊。

一切盡在眼中

維梅爾所繪的〈戴珍珠耳環的少女〉，以及達文西所繪的〈蒙娜麗莎的微笑〉都是世界著名的肖像畫。這兩幅畫因為謎樣的表情，以及畫中的眼睛會跟著展場裡的觀眾打轉而聞名。

將下圖著上你喜歡的顏色後剪下，並小心割開眼珠上的橢圓形，做成下頁所示的紙模型。最後將最下方的長方形紙片剪下並插入紙模型中，她們的眼睛就能移動了。

☆《戴珍珠耳環的少女》展示於荷蘭海牙的莫瑞泰斯皇家美術館。

☆《蒙娜麗莎的微笑》展示於法國巴黎的羅浮宮。

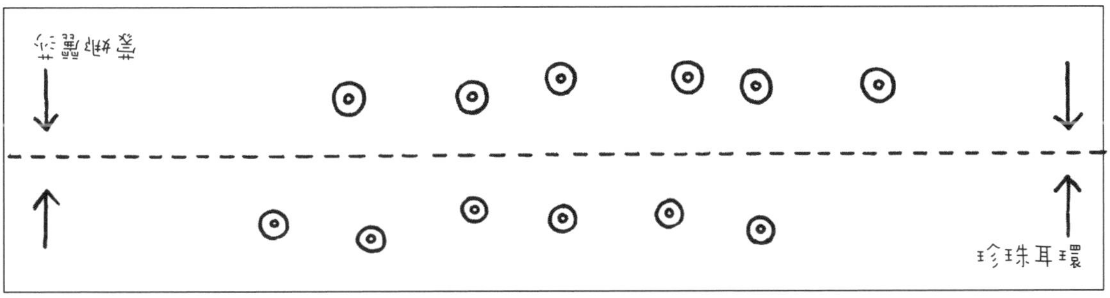

請接下頁

紙模型的作法

1. 將卡片剪下沿虛線摺好（2條虛線中所夾的小段實線請割開）。
2. 為長方形紙片上的眼睛著色後，將紙片沿虛線對摺。
3. 將紙片插進肖像畫中，箭頭朝上。
4. 左右拉動紙片。
5. 你還可以在紙片背面畫上你想畫的眼睛。

肖像畫的歷史悠久，古埃及石棺上所繪的臉孔是現存最早的肖像畫之一，這些畫作可追溯到數千年前。

〈蒙娜麗莎的微笑〉

木板油畫
達文西

這幅畫作被認為是佛羅倫斯喬宮達・麗莎的肖像畫，大約在1503年～1519年間繪製。

〈戴珍珠耳環的少女〉

畫布油畫
維梅爾

荷蘭藝術家維梅爾約在1665年畫出這名想像中的「少女」。雖然她只是個虛構人物，但也成了一本小說及一部熱門電影的靈感來源。

將這裡摺進紙模型中

在這裡畫上你想畫的眼睛。

應用透視法

這三個人偶中，
哪一個看起來離你最近？

平面畫作上的圖案可以呈現深度及立體感。這種錯覺是運用透視法的技巧來達成。較為「靠近」觀看者的物體，要畫得比遠處物體大一點、深一點，且細節也要清楚一點。

自己試試看

1. 閉上一隻眼睛後，將兩手大拇指伸出，一前一後與眼睛連成一直線。

2. 比較靠近眼睛的大拇指看起來比較大，細節也清楚多了。

從15世紀起，在畫作中運用透視法變得相當普遍。你會應用透視法嗎？先將下方家具著色後小心剪下吧。

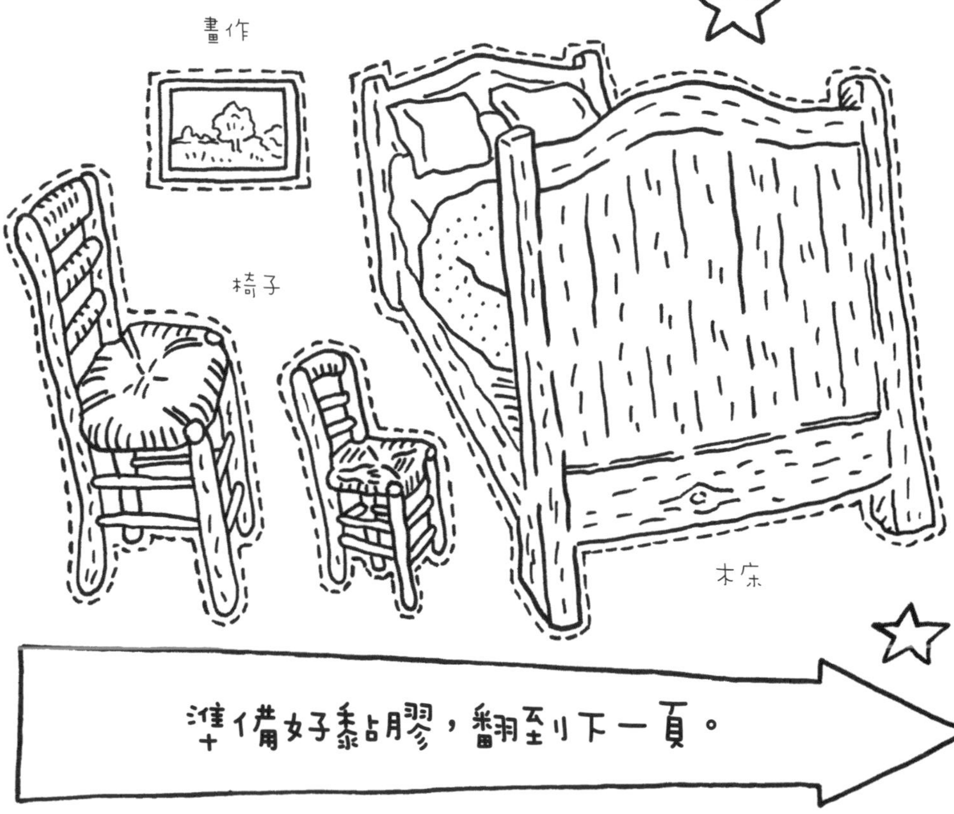

準備好黏膠，翻到下一頁。

為這幅著名的畫作〈在亞爾的臥室〉著色後，運用透視法將缺少的家具黏定位。

荷蘭藝術家梵谷在1880年代於法國亞爾繪製了這幅臥室畫作。梵谷的透視線條會引導你看向房間後面打開的窗戶。

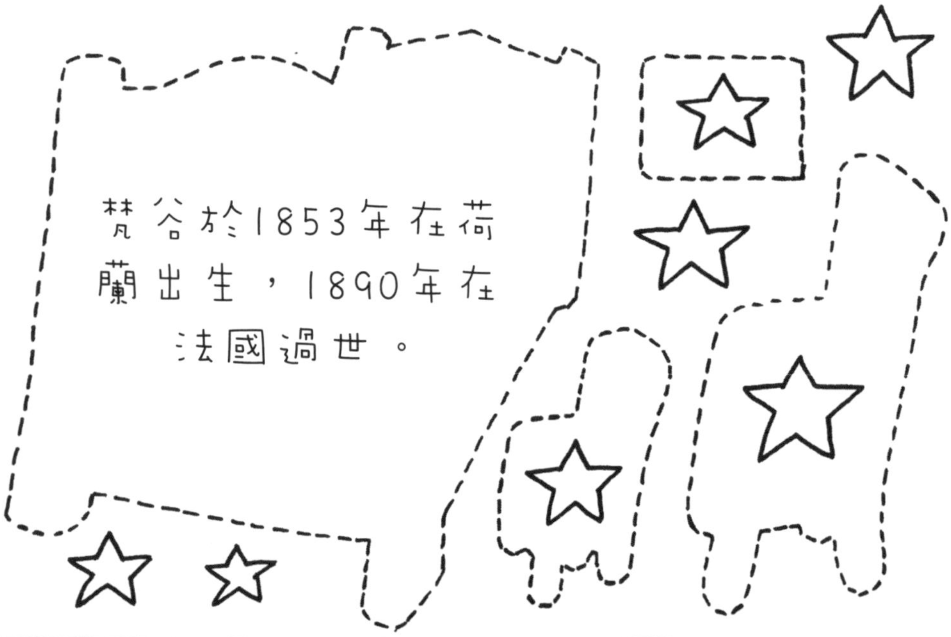

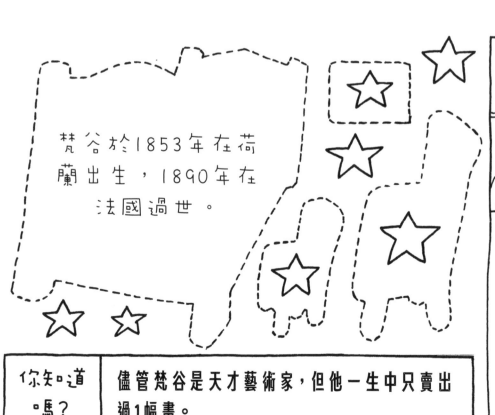

梵谷於1853年在荷蘭出生，1890年在法國過世。

〈耳朵包著繃帶的自畫像〉

可憐的梵谷時常感到身體不適，甚至還將左耳割下來送人。

你知道嗎？	**儘管梵谷是天才藝術家，但他一生中只賣出過1幅畫。**

不符合透視法

請你在圖上再畫幾棵樹及幾棟房子。

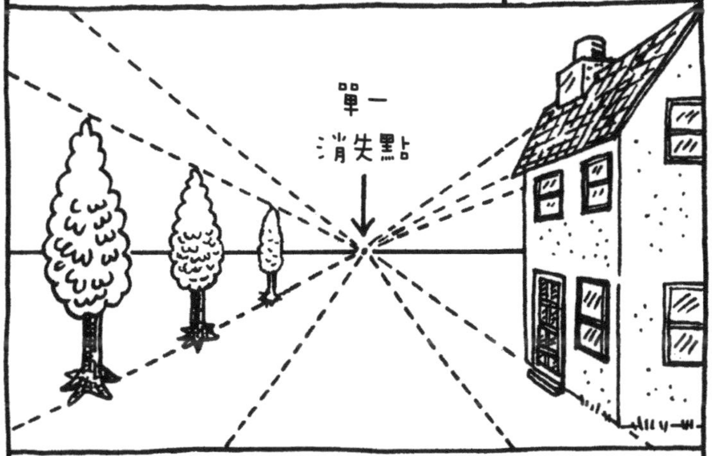

沿透視線條排列的等高物體會越來越小。

義大利文藝復興時期的藝術家最先在畫作中運用「單點透視法」。這種技巧會使畫中的所有線條指向遠方地平線上的單一「消失點」。

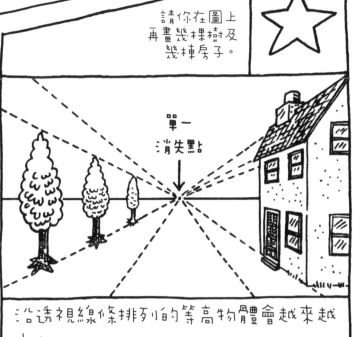

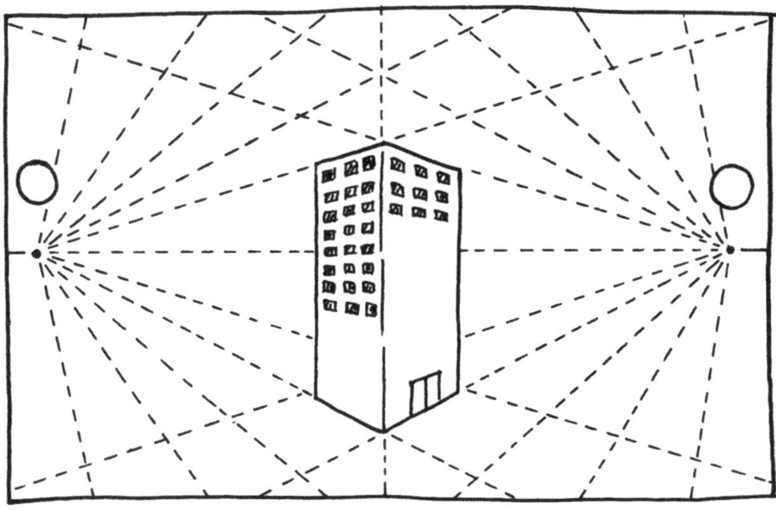

也可以運用多點透視來作畫。兩點透視是畫摩天大樓的好方法。請你在圖上再多畫幾棟吧！

霍加斯與他的哈巴狗川普，繪於1745年

當藝術學校開始教授學生透視法時，仍有許多藝術家出錯。於是英國畫家威廉·霍加斯（1697年～1764年）就創作了一幅名為〈對錯誤透視的諷刺〉的版畫來嘲笑他們，這幅畫中充滿了刻意製造的錯誤。

請接下頁！

☆ 找出不合透視法的錯誤 ☆

請在霍加斯這幅有透視問題的畫作上，圈出你能發現的所有錯誤。然後將你找到的錯誤數量對照狗狗川普的「腳掌」評分系統。

圖中的部分錯誤條列在本頁最下方。汪汪！

1.教堂歪斜。2.教堂立在河裡。3.站在樹上的烏鴉跟樹對比起來太大了。4.畫面中央那一排樹越遠越大。5.登山男子手上的菸斗不可能點得到探出窗外的女子手上的燭台。6.登山男子跟旁邊的樹一般高。7.正常應該看不到旅館二樓跟遠處教堂塔樓的屋頂。8.旅館的招牌不可能被遠處的樹遮住。9.將招牌固定在2棟建築物上的梁子角度不合理。10.第二棟建築物牆面上下的窗戶的消失點不同。11.對著橋後方的鵝開槍的男子，只會射到橋墩。12.有棵樹看起來像長在橋面右側。13.橋後方的鵝比牠右側正在操控船的男子還要大。14.最左側枝幹在前的樹木的枝葉，卻被它後側樹木的枝葉蓋住了。15.越遠的牛羊卻變得越大。16.對比起來，牛右方的鵝太大了。17.右側小屋右側牆面上的木板線的消失點，上下不一樣。18.右下釣魚人的釣竿線，竟然落在遠處男子的釣竿後面。19.最左邊桶子所在的地面比其他2個桶子低，3個桶子應該要位在同一地平面上。20.最大的桶子不應該同時看得到上面及底部。21.地磚的消失點面向看畫的人不合理。22.同個畫面裡大約有10個矛盾的消失點。23.左側的河面是斜的……

波浪的樣子

☆

〈神奈川衝浪裡〉這幅木版畫可能是日本最著名的畫作。這幅畫是由葛飾北齋於1831年左右所創作，畫中出現了在神奈川岸邊的3艘漁船。這些漁船即將被宛如擁有百萬根手指的怪物波浪所吞沒。

葛飾北齋（1760年～1849年）

☆

日本盛行摺紙藝術。請剪下下方的長方形紙片，並翻至下一頁查看北齋式衝浪紙船的摺法。

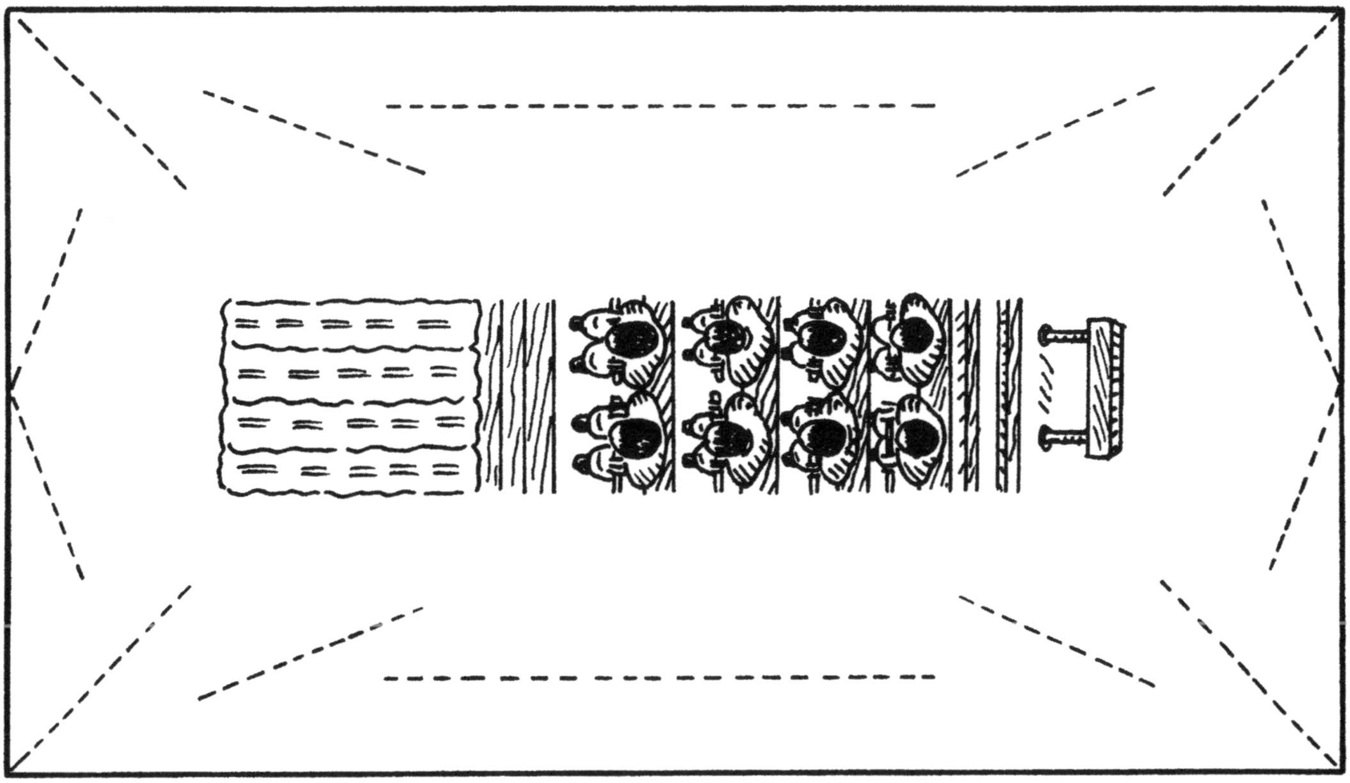

☆ 北齋式衝浪紙船的摺法 ☆

你可以按照下方說明，用其他的長方形紙片摺出更多紙船。

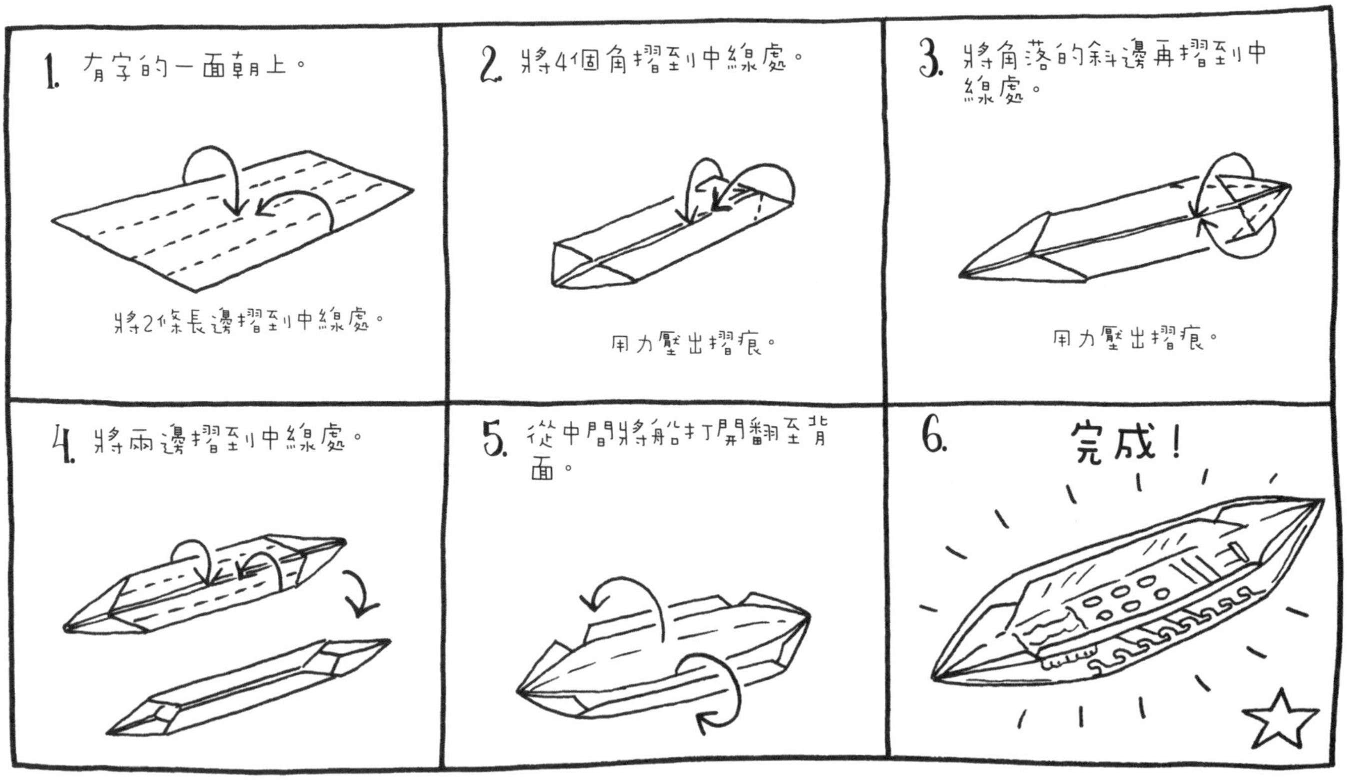

1. 有字的一面朝上。
將2條長邊摺到中線處。
2. 將4個角摺到中線處。
用力壓出摺痕。
3. 將角落的斜邊再摺到中線處。
用力壓出摺痕。
4. 將兩邊摺到中線處。
5. 從中間將船打開翻至背面。
6. 完成！

乾脆多做幾艘船組成船隊，通通放到浴缸水面上，然後製造幾波大浪吧！

嘩啦！

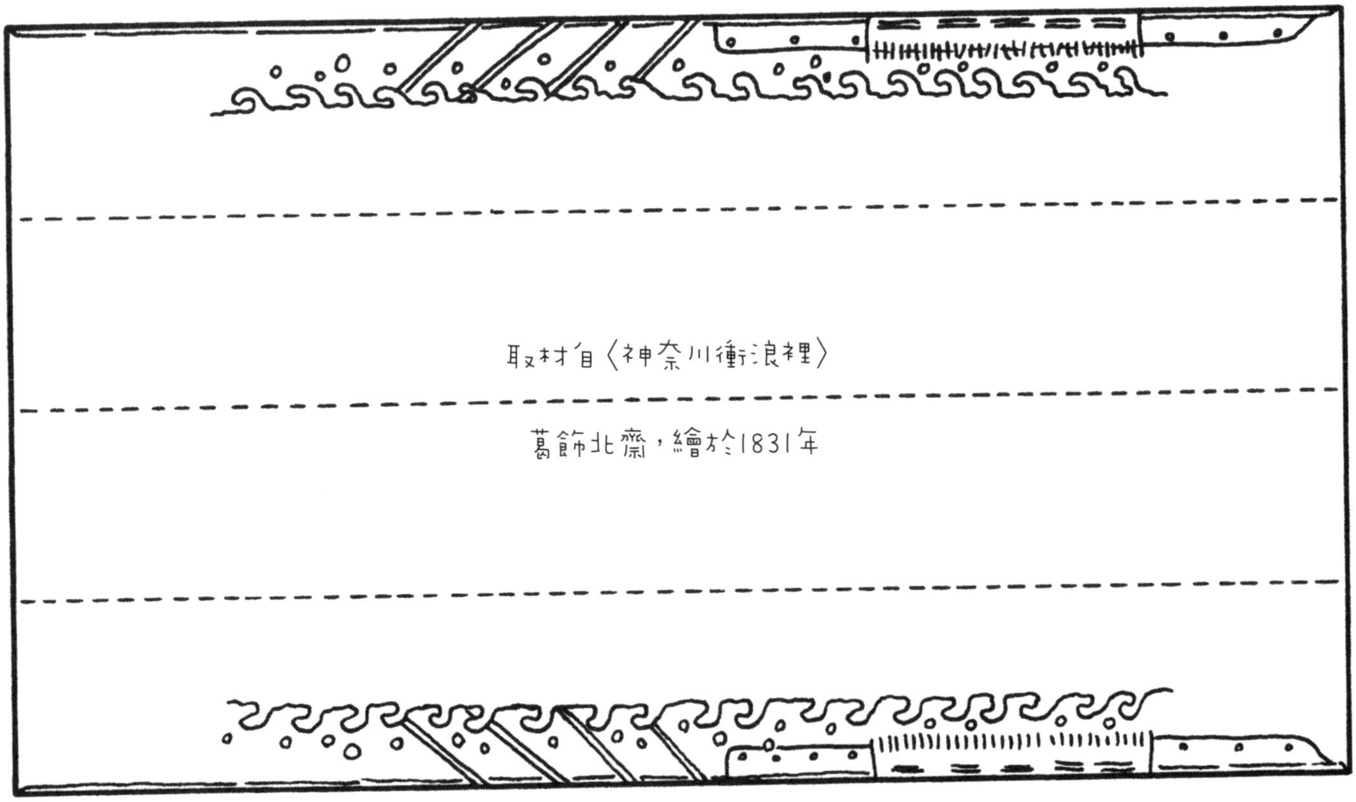

簽名樂趣多

藝術家在自己的作品上簽名已有數百年的歷史。德國版畫家阿爾布雷希特・杜勒（1471年～1528年）以自己名字的縮寫創作了藝術簽名，並在犀牛版畫（雖然他從未親眼見過犀牛）上印上了這個藝術簽名。

藝術家會在完成作品後簽上名字。簽名各式各樣，從全名到單名或縮寫都有。下面是本書中提到的幾位藝術家的簽名。你猜得出來是哪些人的簽名嗎？

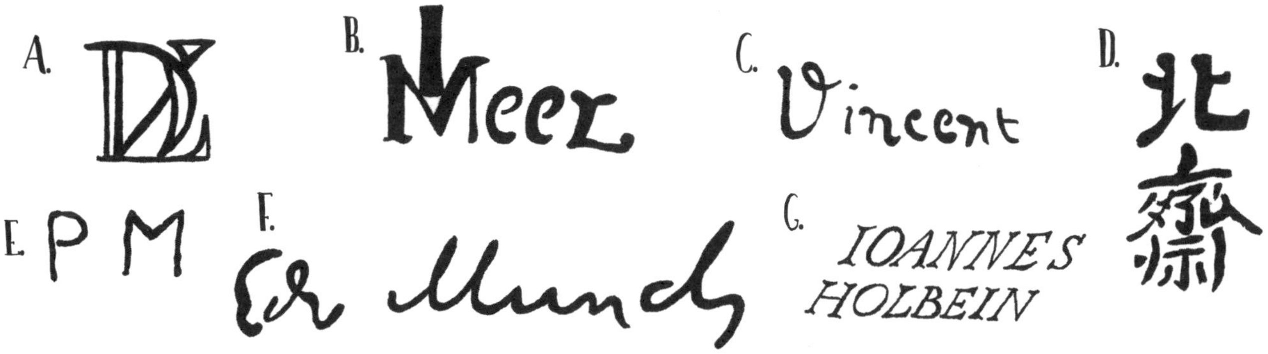

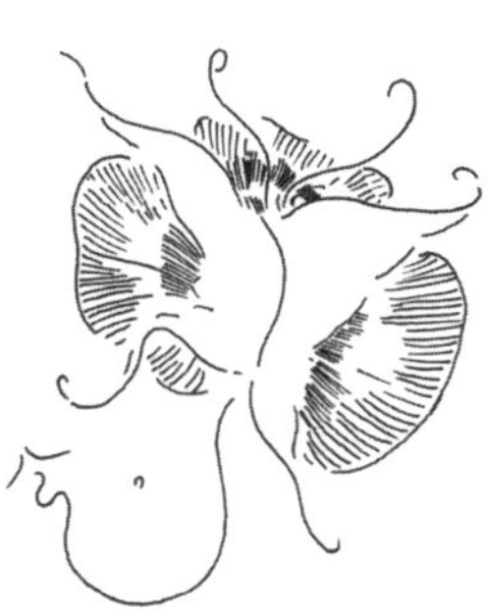

美國藝術家詹姆斯・惠斯勒（1834年～1903年）將自己名字的縮寫創作成尖尾巴蝴蝶的藝術簽名（如左圖）。

創作屬於你的藝術簽名吧！

A.達文西(Leonardo da Vinci)　B.維梅爾(Vermeer)
C.梵谷(Van Gogh)　D.葛飾北齋
E.蒙德里安(Piet Mondrian)
F.孟克(Edvard Munch)　G.霍爾班(Holbein)

藝術家人偶DIY：

畢卡索

許多人認為畢卡索是有史以來最偉大的藝術天才，畢卡索本人應該也會認同這樣的看法。

8歲的畢卡索

畢卡索於1881年出生在西班牙安達魯西亞，年僅8歲時就開始創作自己的第一幅油畫。

1912年時的畢卡索

畢卡索是位多產的藝術家，一生中創作了超過5萬件作品，包括了版畫、繪畫、素描、舞台設計、陶瓷及雕像，每個作品在當前的拍賣會上都拍出天價。

畢卡索的創作生涯相當長，藝術風格也多次轉變。他於1973年在法國過世，享年91歲，但他目前依然享有盛名，甚至有個車款就命名為「畢卡索」。

做個畢卡索人偶吧！

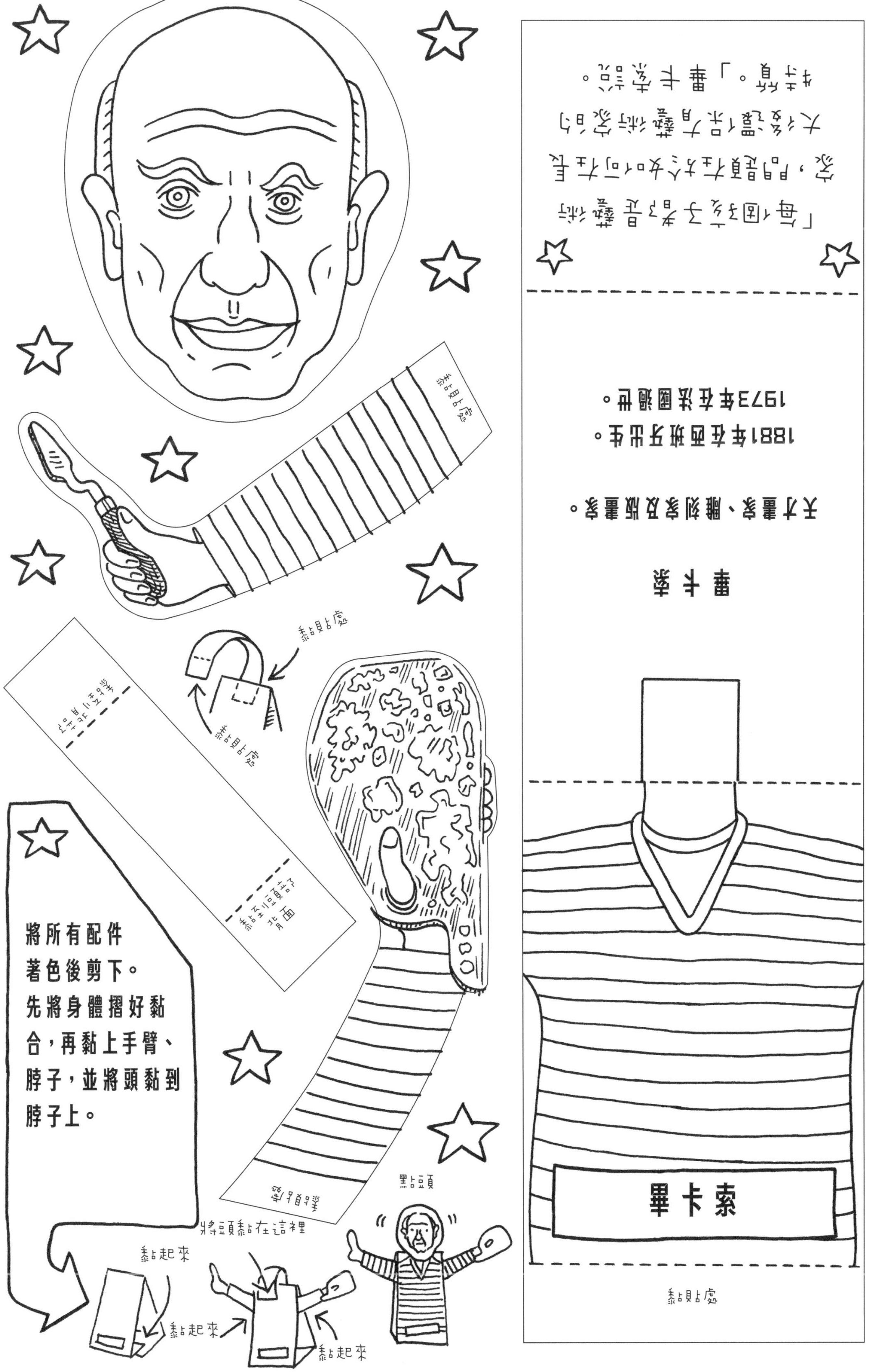
「每個孩子都是藝術家，問題在於如何在長大後還保有藝術家的特質。」畢卡索說。
畢卡索
天才畫家、雕刻家及版畫家。
1881年在西班牙出生。
1973年在法國過世。
畢卡索
黏貼處
黏貼處
黏貼處
黏貼處
黏貼處
黏貼到背面
黏貼到背面
將所有配件著色後剪下。先將身體摺好黏合，再黏上手臂、脖子，並將頭黏到脖子上。
將頭黏在這裡
黏起來
黏起來
黏起來
點頭

據說畢卡索小時候說出的
第一個單字就是
西班牙語中的「鉛筆」。

旋轉藝術

創作迷你旋轉畫吧！

旋轉畫是種行動繪畫。這是將顏料放在可旋轉的表面上，讓顏料在旋轉時快速四散的作畫方式。將旁邊的方形及下方的圓形紙片剪下（實線部分都要剪開），做個旋轉畫盤吧！

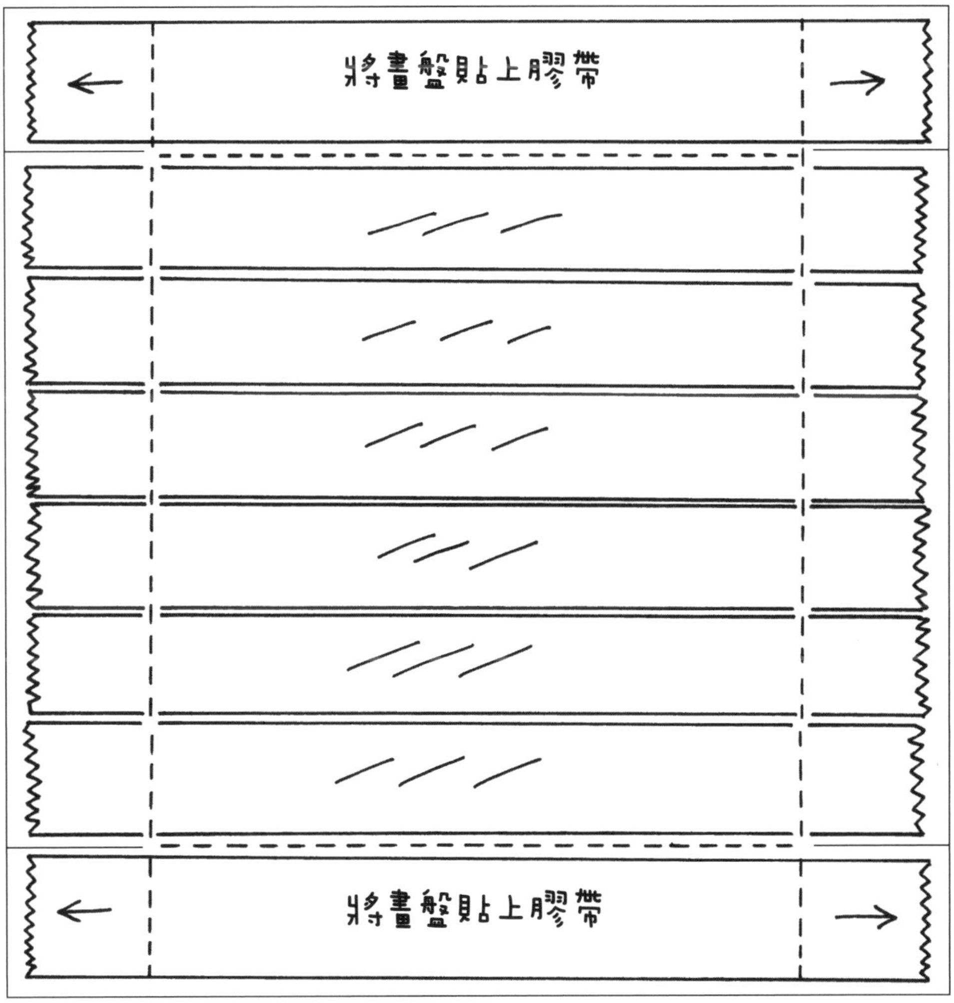
將畫盤貼上膠帶
將畫盤貼上膠帶

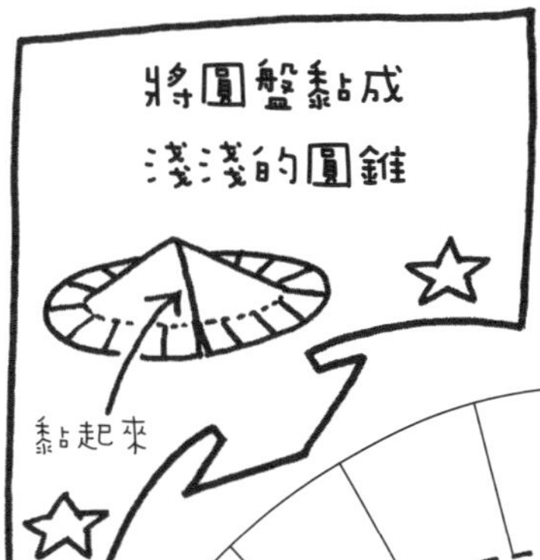
將圓盤黏成
淺淺的圓錐
黏起來

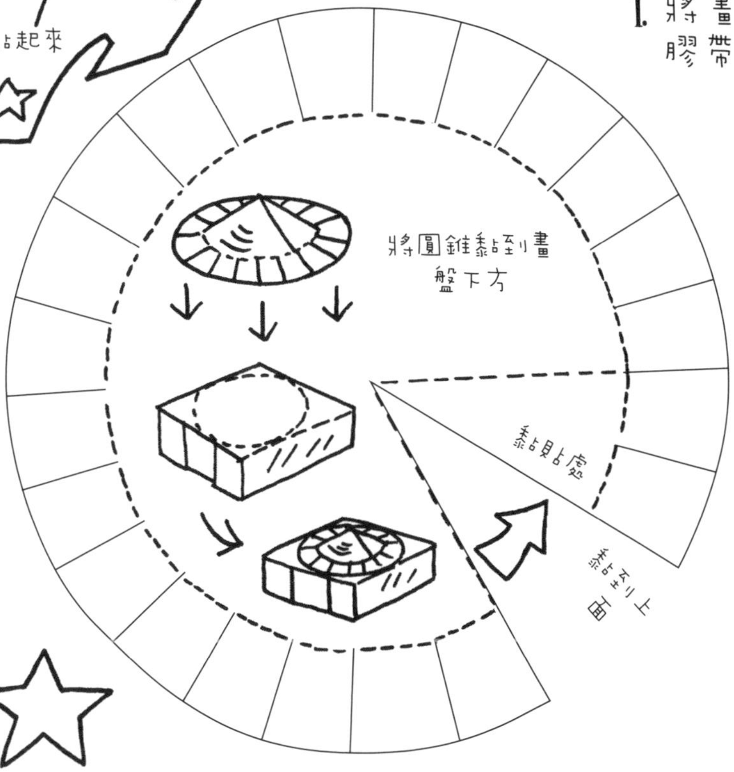
將圓錐黏到畫盤下方
黏貼處
黏到上面

1. 將畫盤的紙模型鋪平，整個貼上一層膠帶以便防水。

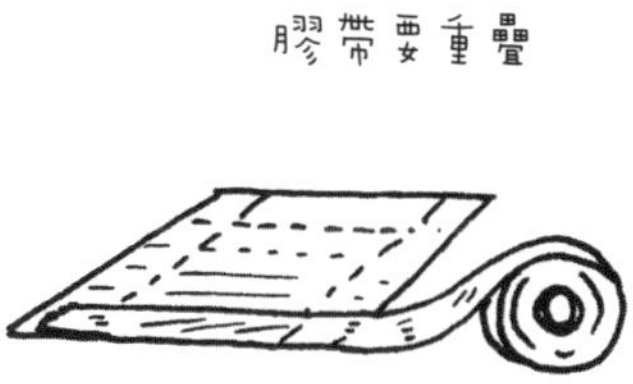
膠帶要重疊

2. 將紙模型摺成畫盤後用膠帶黏好。

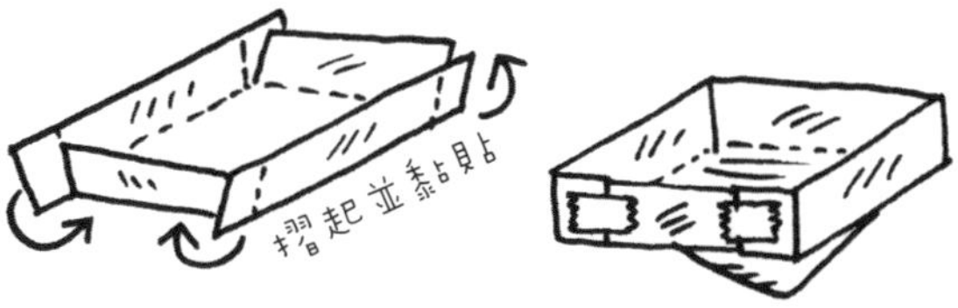
摺起並黏貼

3. 最後將圓錐黏到畫盤下方。

完成！

迷你畫盤的使用法

1. 將顏料混些水讓顏料可以流動，並剪下第37頁的專用畫紙。

2. 將畫紙放在畫盤中。

3. 在畫紙上滴幾滴顏料。

4. 快速轉動畫盤！

5. 看看顏料在畫紙上流動的樣子。

6. 取出你的畫作晾乾。

小叮嚀

**創作旋轉畫
可能會弄得髒兮兮，
請穿上圍裙並鋪上舊報紙。**

**你的旋轉畫
看起來
可能像這樣……**

瑞士畫家阿爾方斯·席林是1960年代的旋轉藝術先驅。

英國現代藝術家達米恩·赫斯特也試驗過旋轉畫。

請見第37頁

車輪人

杜象

1913年，法裔美籍藝術家杜象（1887年～1968年）運用舊自行車輪和凳子創作了〈自行車輪〉這件作品。這個現代藝術圖符，被認定為是第一件動態雕塑作品。

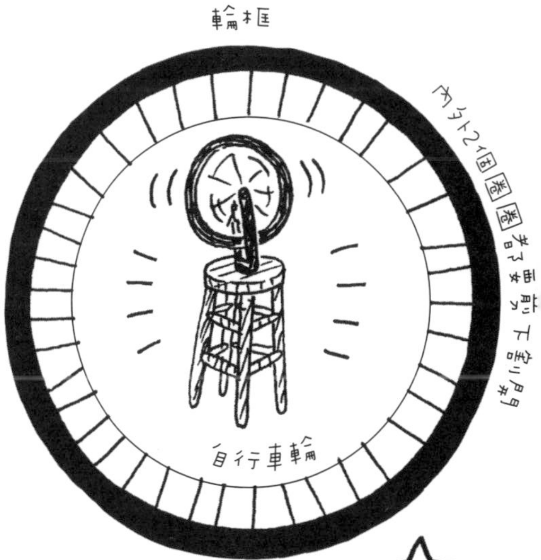

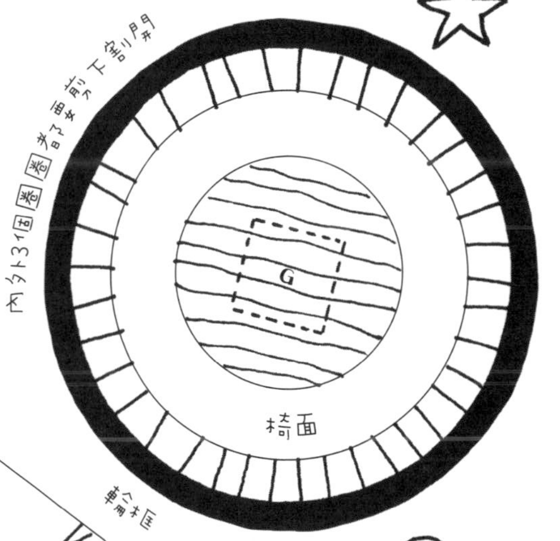

剪下本頁紙模型的所有配件，並將自行車架上的小圓圈戳洞。接著將所有零件組合成迷你動態雕塑大作。

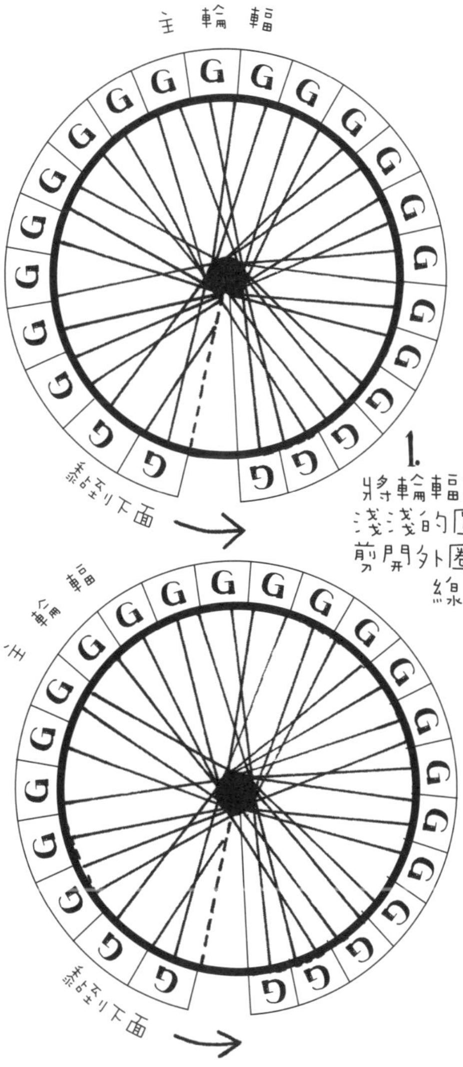

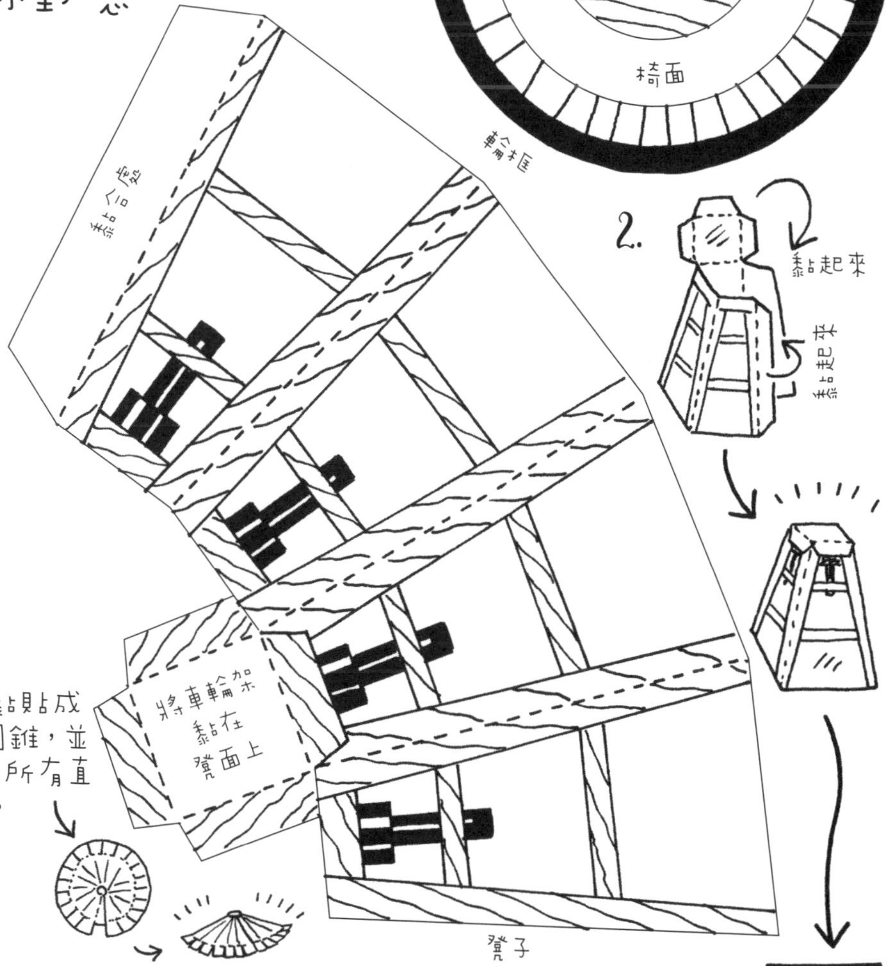

1. 將輪輻黏貼成淺淺的圓錐，並剪開外圈所有直線。

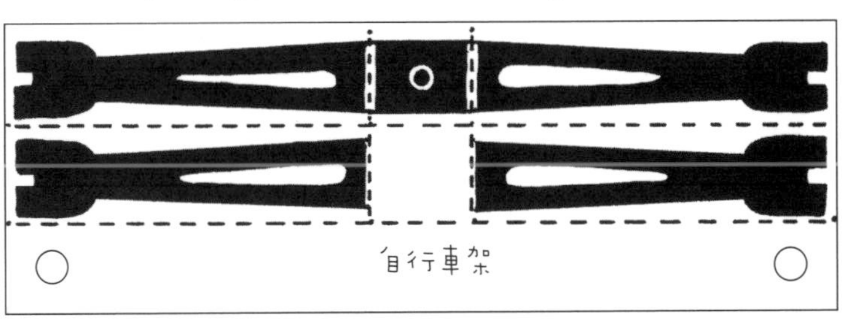

請接下頁

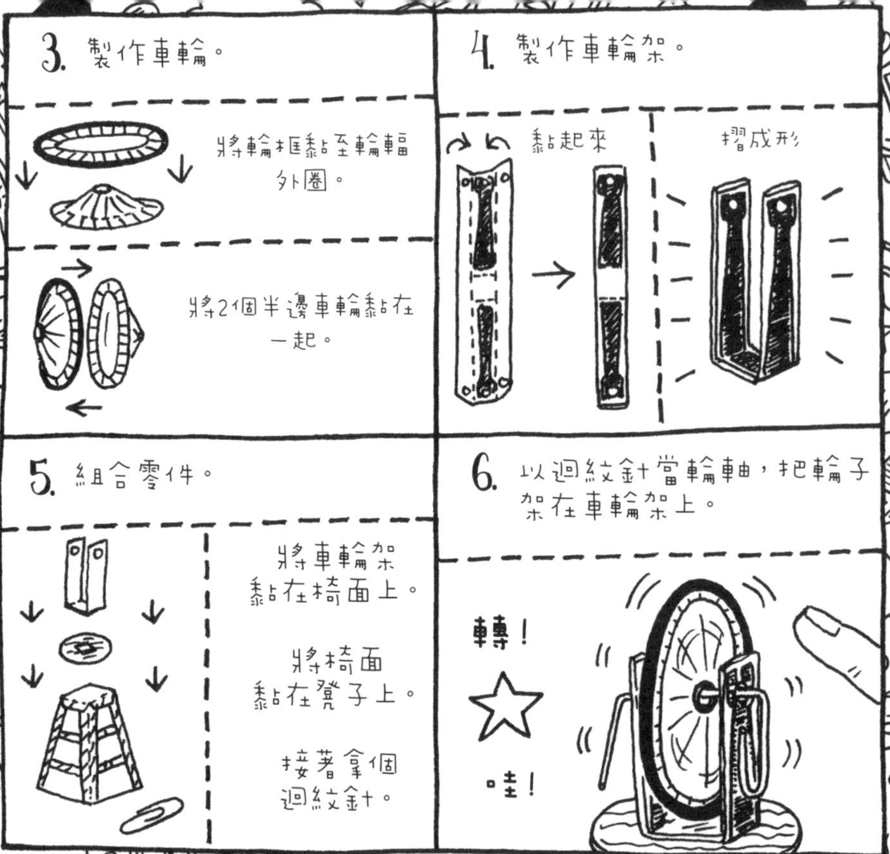

3. 製作車輪。
將輪框黏至輪輻外圈。
將2個半邊車輪黏在一起。
4. 製作車輪架。
黏起來
摺成形
5. 組合零件。
將車輪架黏在椅面上。
將椅面黏在凳子上。
接著拿個迴紋針。
6. 以迴紋針當輪軸，把輪子架在車輪架上。
轉！
哇！

杜象將這種以現成物件創作的藝術，稱為「現成品藝術」。

荷蘭風格派磚塊

創作你自己的蒙德里安式圖樣

蒙德里安
(1872年～1944年)

蒙德里安是20世紀荷蘭藝術設計運動「荷蘭風格派」的代表。

荷蘭風格派以幾何設計聞名。你可以運用左圖磚塊排出自己的風格圖樣。

請接下頁……

1. 請用三原色及二次色（參考第9頁）為下方磚塊著色。記得一半的磚塊要留白。

2. 逐一剪下這些磚塊，並重新排列組合，可以創作出百萬種蒙德里安式圖樣。

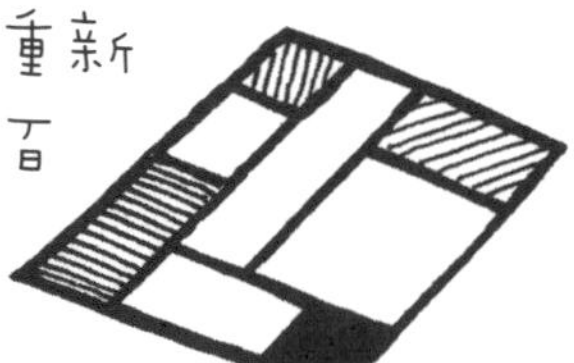

蒙德里安的作品以黑邊方形及鮮明亮麗的色彩著名。

蒙德里安的風格常被應用在商品設計上：

運動鞋

化妝品

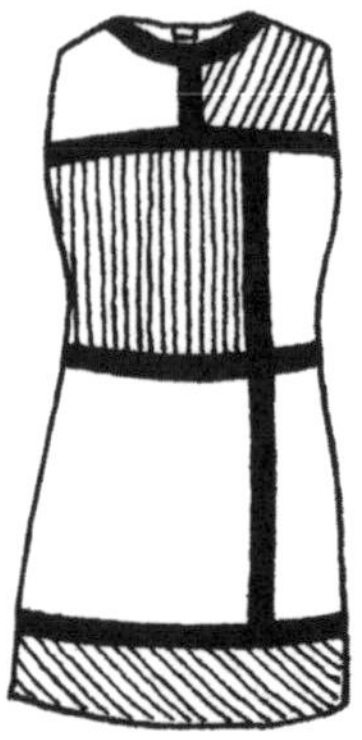

服裝

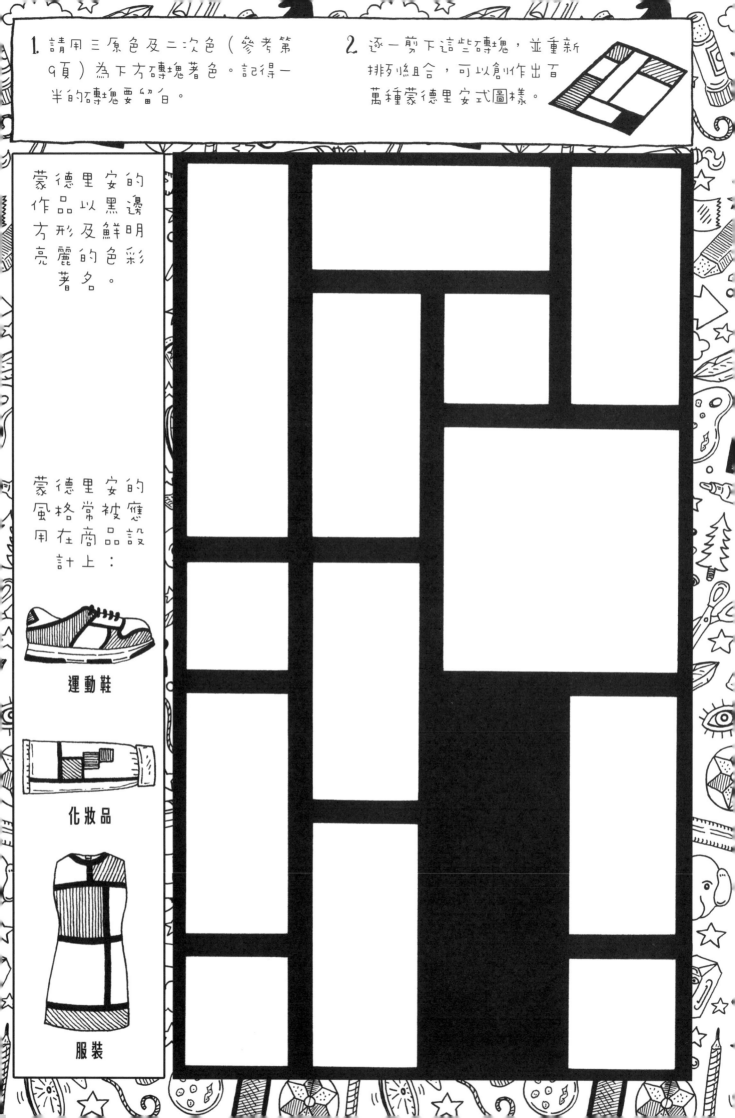

1917年，蒙德里安、維爾莫斯·胡薩爾（1884年～1960年）以及迪歐·凡·杜斯伯格（1883年～1931年）等幾位藝術家，在荷蘭阿姆斯特丹開創了風格派運動。

杜斯伯格

《荷蘭風格派》雜誌

這個運動認為所有藝術都該簡化成最純粹的形式，只用水平及垂直線條，還有黑白兩色及三原色來表現。這個運動也發行了自己的雜誌。

杜斯伯格的許多作品看起來就像迷宮。你可以試走看看下面這個杜斯伯格風迷宮，並在完成後替迷宮上色。

受到杜斯伯格1918年畫作〈作品第13號〉的啟發

惡搞蒙娜麗莎

身為全球最有名的畫作也是有缺點的。有一堆藝術家就喜歡惡搞達文西的〈蒙娜麗莎〉（請參考第15頁）。

法國漫畫家歐仁・巴代伊（1854年～1891年）在1887年畫了抽長菸斗的蒙娜麗莎。超現實主義先鋒杜象則於1919年為蒙娜麗莎加上了下巴鬍及八字鬍。

杜象（請參考第29頁）直接在一張廉價的蒙娜麗莎名信片上塗鴉，完成他最驚人的「現成品藝術」之一。你也可以試試看，來惡搞吧！

達文西

達利

另一位超現實主義藝術家達利（1904年～1989年）則用自己的臉取代了蒙娜麗莎的臉。試著在上圖空白處放張自己的照片或畫上自己的臉，你就能把自己放進畫作中了！

墨西哥

骷髏明星

版畫大師

波薩達
（約繪於1900年）

荷西·波薩達（1851年～1913年）是位驚人的墨西哥版畫家，他的作品時常描繪人骨、骨骸及骷髏——在墨西哥統稱為「calaveras」。

版畫是在木塊或金屬板上刻出線槽，再利用這些線槽可以吸附墨水的特性，將墨水轉印到紙上作畫。

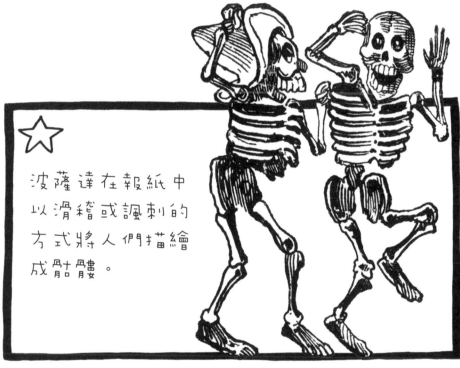

波薩達在報紙中以滑稽或諷刺的方式將人們描繪成骷髏。

除了人骨外，波薩達也畫了許多奇特的動物骷髏。你能看出右圖這個奇怪的骷髏是什麼動物嗎？

答案就在下一頁！

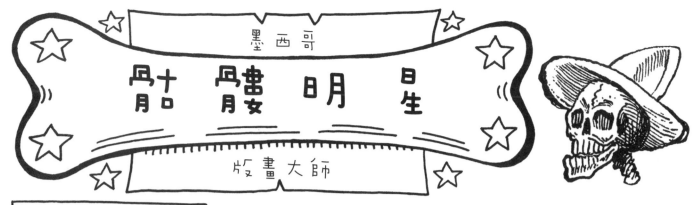

你猜到了嗎？

這張圖出自
波薩達十分受歡迎的
〈街貓骷髏〉畫作。

創作一張你自己的
骷髏畫吧！

在波薩達的版畫中常常可以找到他隱藏其中的簽名。

POSADA

請將帽子著上顏色。

〈高雅骷髏〉是波薩達最著名的畫作。畫中的骷髏頭為墨西哥「亡靈節」年度慶典的盛裝骷髏們提供了靈感。

做個「亡靈節」面具

在本書的封面內有個可以剪下戴起來的
波薩達風骷髏面具！
你可以在這個面具上加入自己的設計，
並用寶石、羽毛或其他飾品來裝飾。

旋轉畫畫紙

這些畫紙是供第27頁的旋轉畫盤使用。你也可以依照這個形狀大小在其他紙上裁剪你的畫紙。

摺高的側面可以預防顏料弄髒旋轉畫盤。別弄得溼答答的喔！

將你的畫作鋪平晾乾。乾了之後就可以剪掉側邊，並隨意裝飾你的畫作。

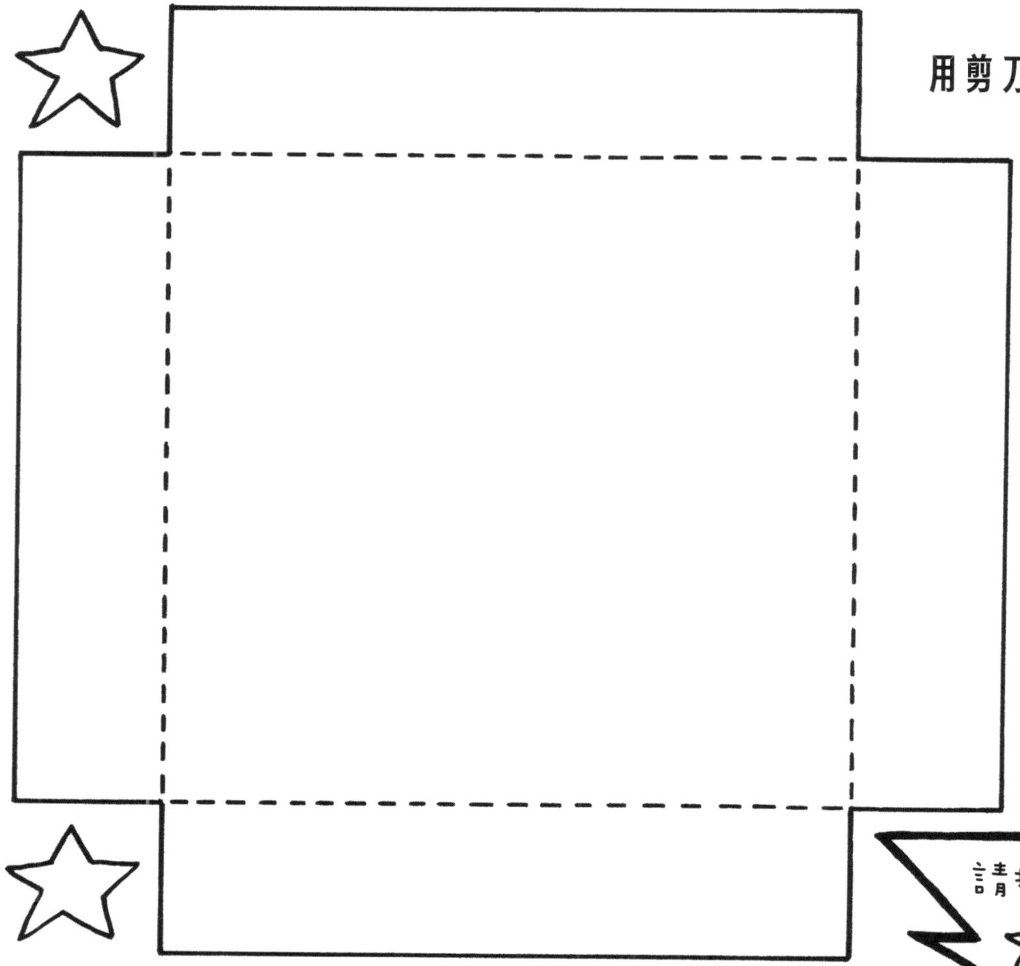

用剪刀小心剪下。

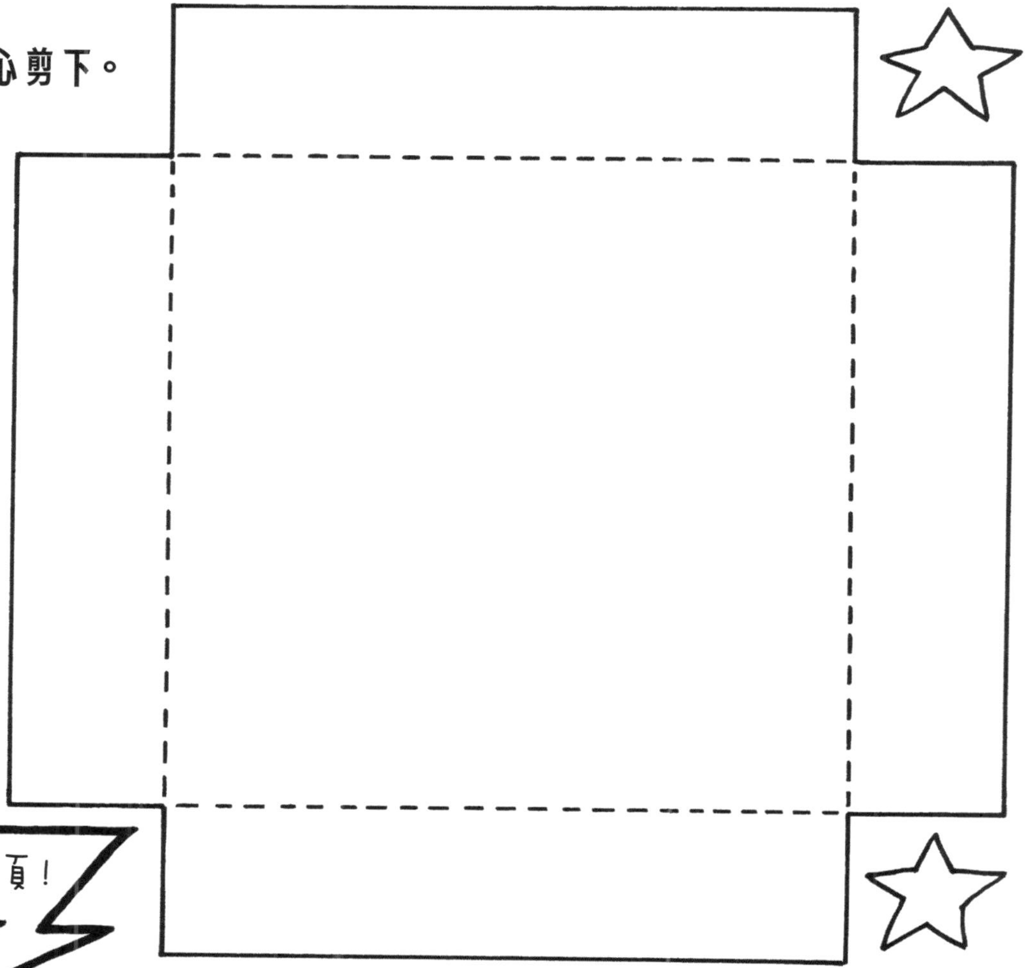

請接下頁！

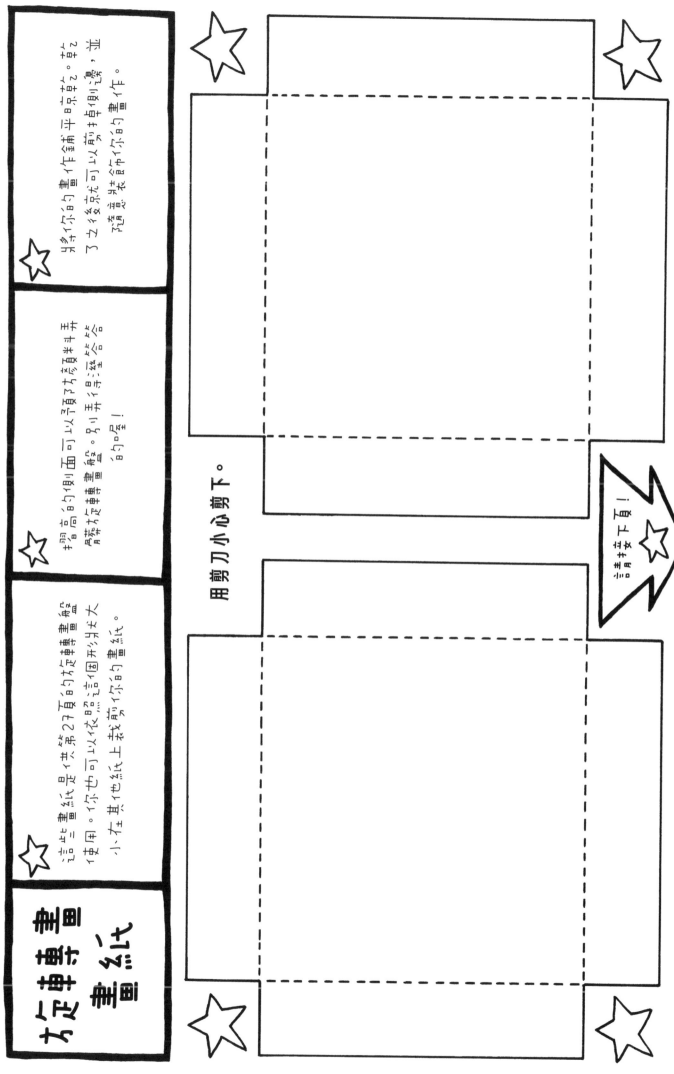

你知道嗎？之一

英國現代藝術家達米恩・赫斯特（1965年出生）在兒童電視節目中看到旋轉畫後，就有了創作旋轉畫的靈感。

你知道嗎？之二

藝術家有時會在快速轉動的拉坯機上放上畫布來創作旋轉畫。

抽象畫家阿爾瑪

年輕時的阿爾瑪

非裔美籍藝術家阿爾瑪·伍德西·托馬斯（1891年～1978年）以色彩亮麗的抽象畫聞名於世。她的畫作在今日備受推崇，但她直到將近70歲時才成為專職畫家。

阿爾瑪成年後幾乎一直在學校擔任教師，閒暇之餘才作畫。她在75歲時仔細研究了冬青樹顯眼的綠葉，並因此改變了畫風。不久後她就開始創作色彩繽紛的抽象畫。

1976年時的阿爾瑪

這個馬賽克圖樣是受到阿爾瑪一系列彩色同心環畫作啟發。

請為每圈環塗上亮麗的色彩，創作你自己的阿爾瑪風抽象畫。

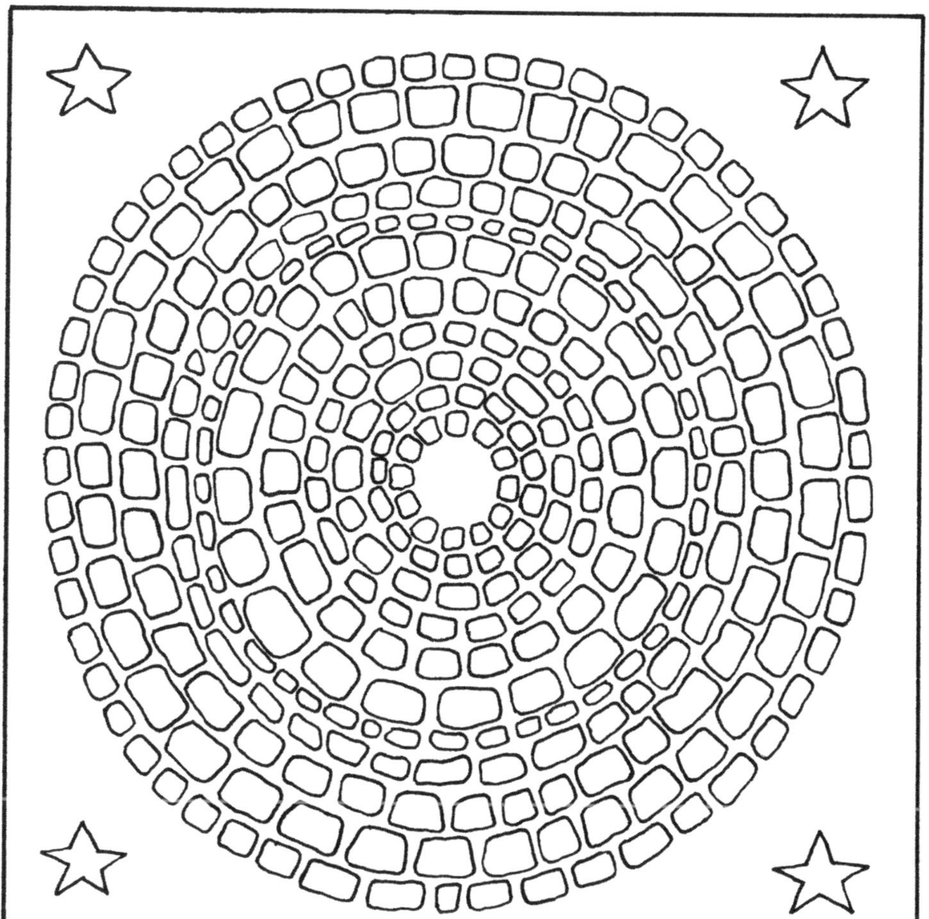

吶喊時刻

☆

挪威藝術家孟克（1863年～1944年）的這幅〈吶喊〉是世界聞名的畫作。孟克在1893年～1910年間，以油畫及粉彩創作了4個版本的〈吶喊〉。

☆ 請為這張圖著上顏色。 ☆

孟克

☆

在〈吶喊〉這幅畫中，漩渦般的橙色天空前，有個奇怪的人物站在懸崖旁的走道上吶喊著，背景中還有2位謎樣的人物正看著他。你覺得這有什麼含意嗎？

☆ 其中一版的〈吶喊〉在2012年以1億1,990萬美金的高價售出。今日這幅畫甚至有了代表性的表情符號，也經常被模仿使用，熱門喜劇電影《小鬼當家》的海報就是其中一例。

來做個「吶喊」人偶吧。

1. 將包括手臂在內的紙模型都塗上顏色。

2. 剪下所有配件並割開縫隙及小洞。

這個紙模型依據的是孟克在1895年所創作的〈吶喊〉黑白版畫。

上下調整手臂，做出畫中人物的經典動作。

割開此長條

割開圓弧線，將對頁摺線處夾入圓弧縫中後闔上。

吶喊吧！

（割開圖中身體中段兩側的小圓圈及L形線段）

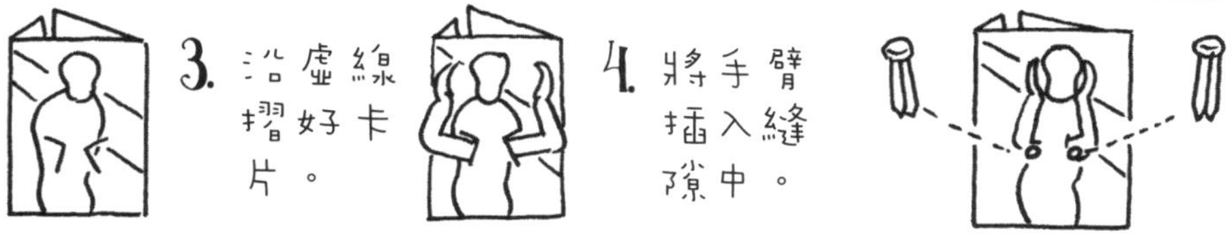

3. 沿虛線摺好卡片。

4. 將手臂插入縫隙中。

5. 將雙腳釘插入小洞中。

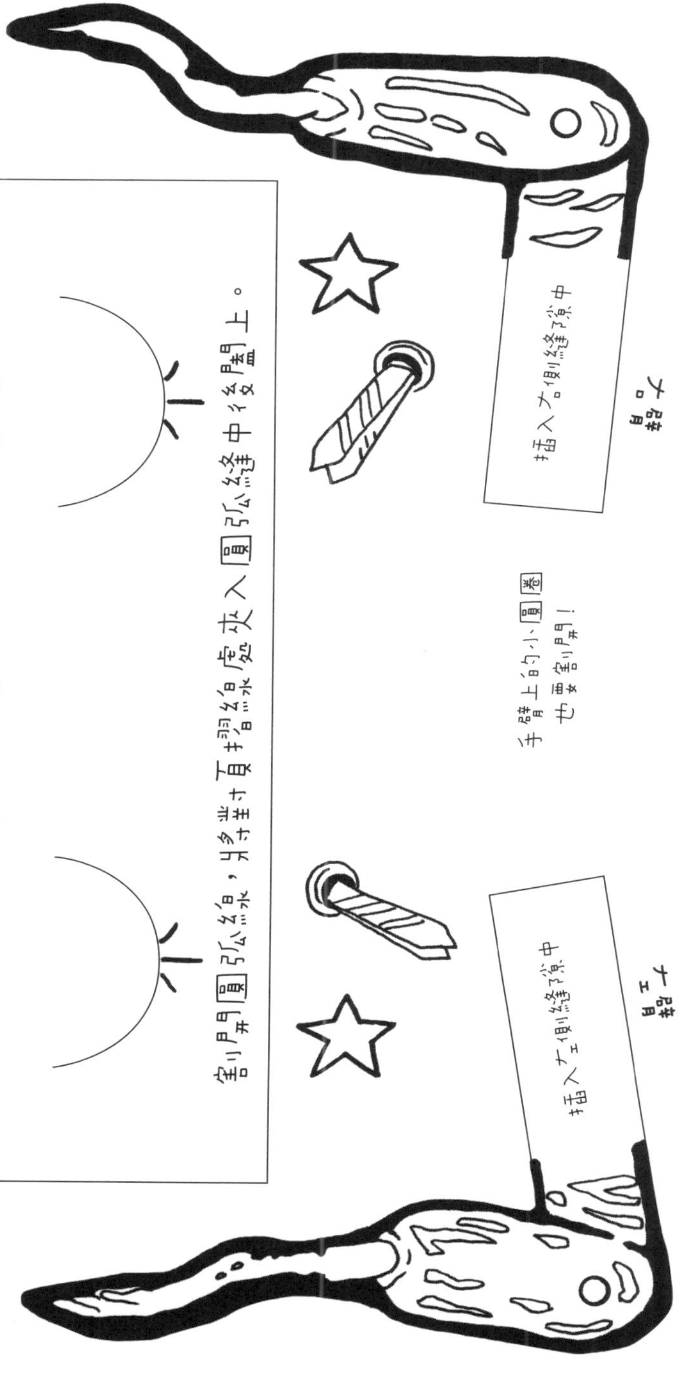

請接下頁！

將右側紙片卡入縫隙中

插入手臂

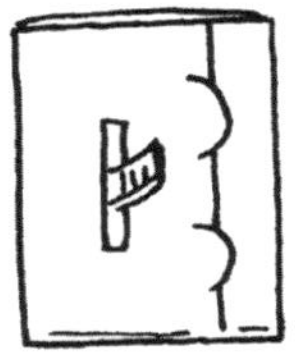

6. 將雙腳釘插入洞內的腳壓平。

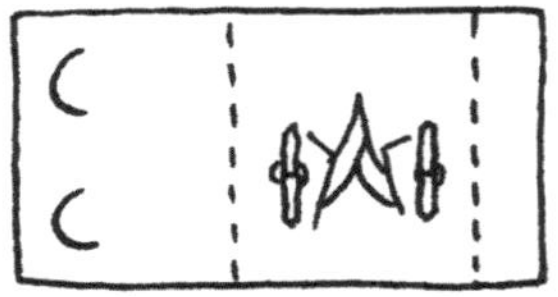

7. 將手臂末端折彎碰在一起。

8. 插入背頁的長條縫中。

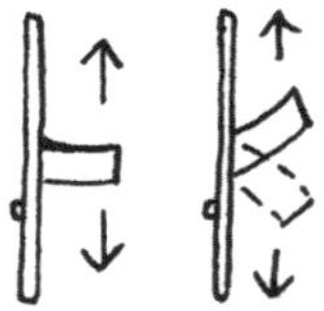

9. 將手臂末端黏在一起。

10. 在背後上下移動手臂末端。

完成！

「狗普」藝術

美國藝術家安迪·沃荷（1928年～1987年）是1950年代與1960年代「普普藝術」運動中的重要人物。

普普藝術以電視、電影及日常生活用品做為靈感來源。

沃荷創作了許多色彩鮮明的名人版畫，從女明星瑪麗蓮夢露到女王伊莉莎白二世都有。

請翻到下頁看看如何使用狗狗鏤空尺來畫出你自己的沃荷風「狗普」藝術。

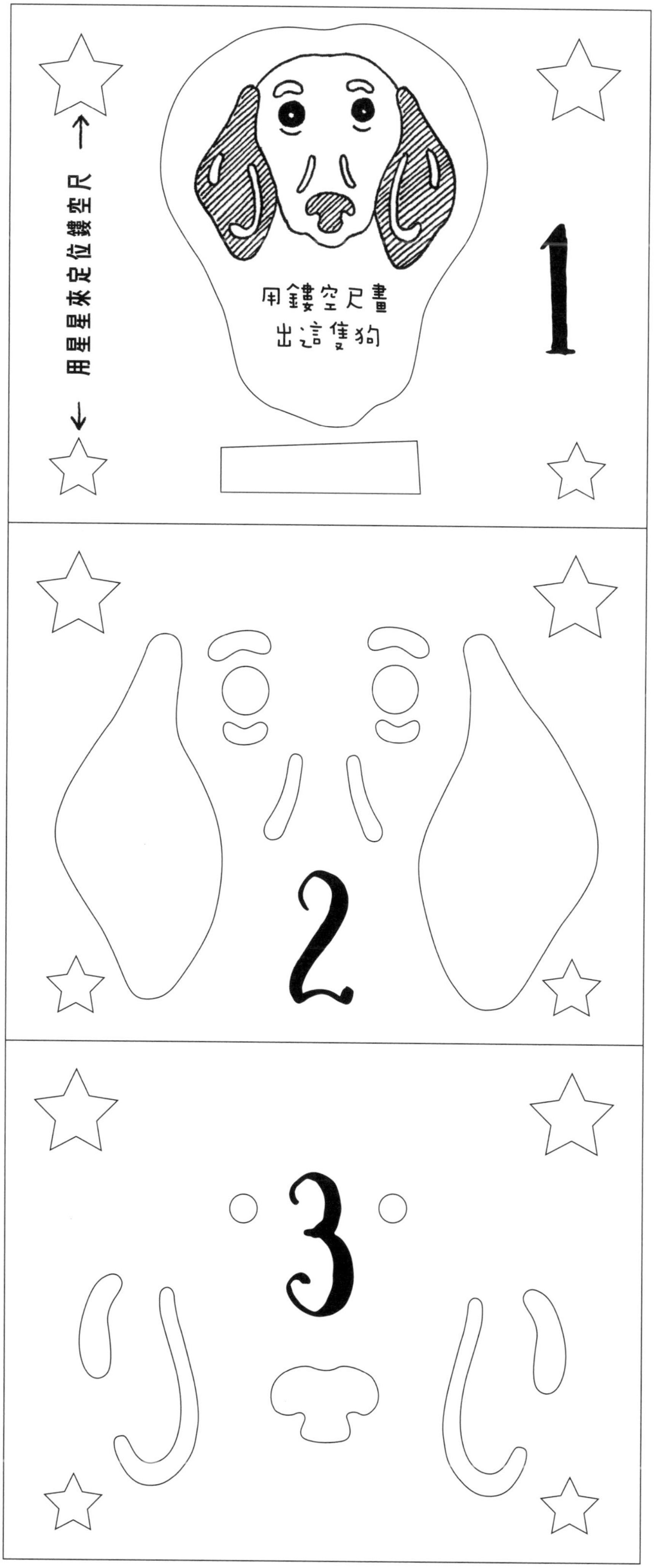

安迪・沃荷

你用鏤空尺畫出的
是隻臘腸狗。

沃荷喜歡臘腸狗，他養了2隻，
一隻叫阿奇，一隻叫阿莫斯。

你的狗狗叫什麼名字？

1. 剪下鏤空尺並割開其中的所有圖樣（星星也要喔！）。

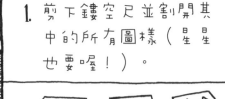

2. 將1號鏤空尺放在白紙上，以淺色顏料或色鉛筆塗滿鏤空處。

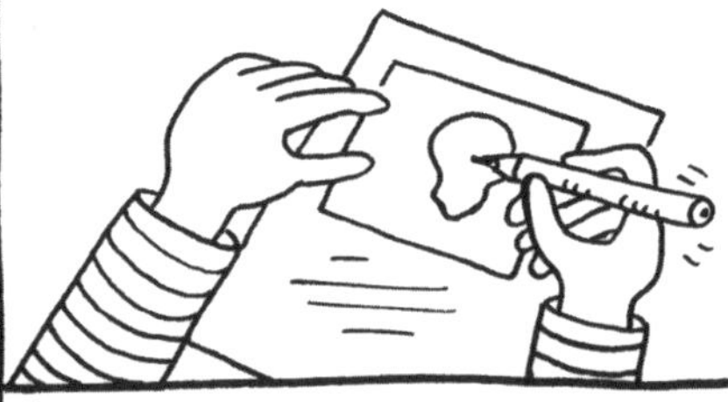

3. 依序將2號及3號鏤空尺放在白紙上重複同樣的步驟。

   星星要確實對好位置，並在淺色的背景塗上較深的顏色。

4. 完成的畫作會像這樣：

5. 使用不同的配色來畫出各式各樣的「狗普」藝術畫。

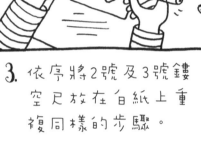

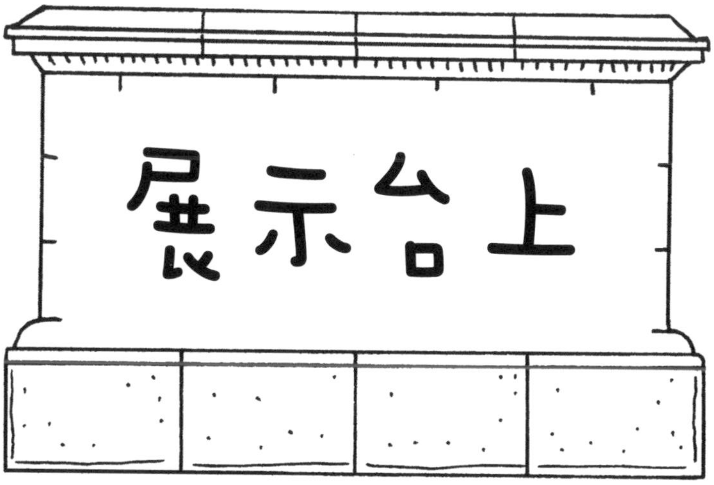

倫敦特拉法加廣場自1999年以來，展示了某些最令人激賞的全球公共藝術，這些都是兼具趣味與思考性的藝術創作。

維利特2001年創作的〈紀念碑〉

這座4公尺高的石台展出了許多頂尖現代藝術家的作品，這些藝術家包括了安東尼·葛姆雷及雷切爾·維利特。右圖即是維利特以樹脂仿製石台外型所做的倒立作品〈紀念碑〉。

1. 剪下下方紙模型，並沿虛線摺出摺痕。

2. 摺好黏貼處插入鄰邊後方黏合。

用下方的紙模型做個迷你展示台，並在上面展出你喜愛的藝術作品。

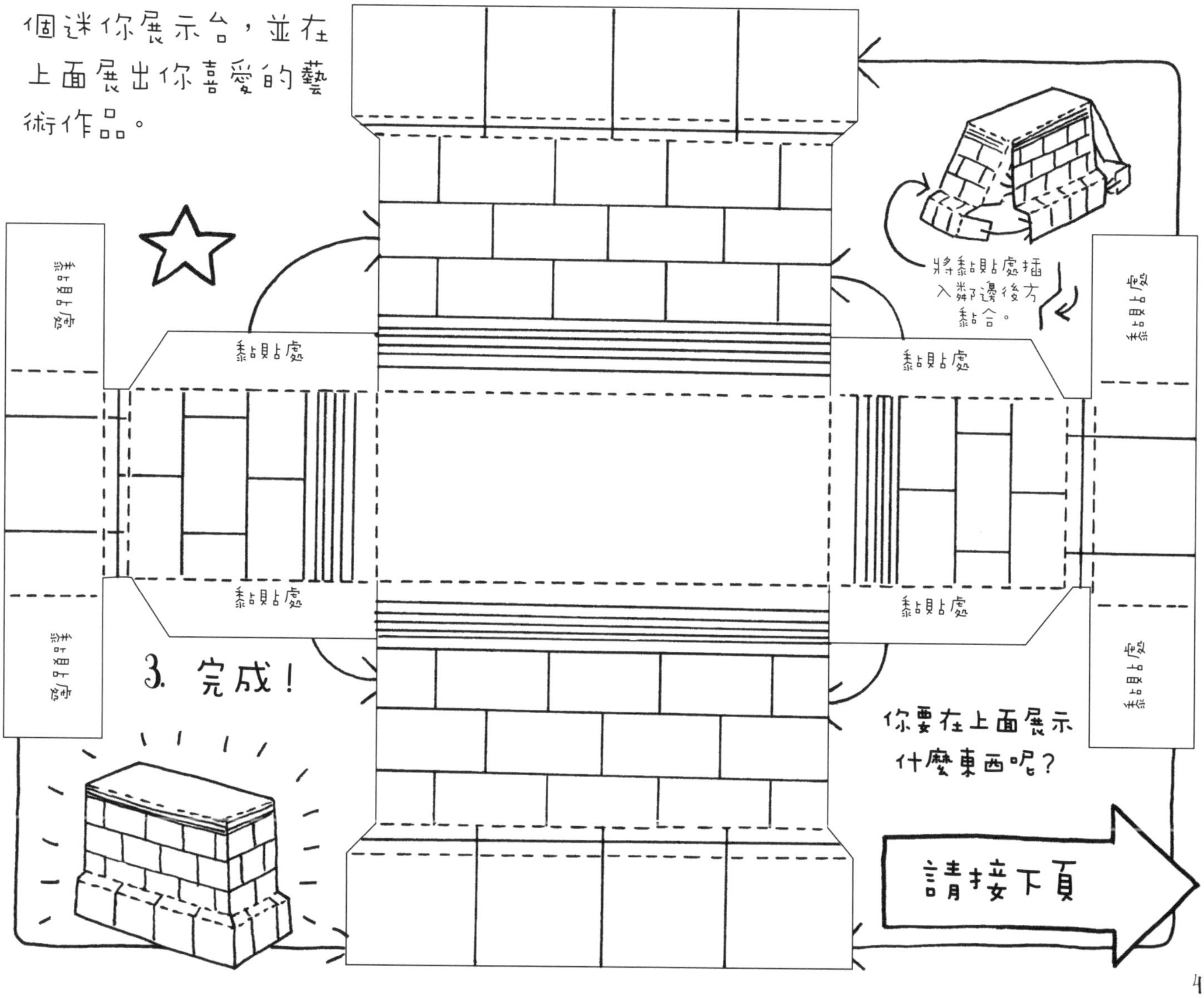

曾在特拉法加廣場石台展示作品的藝術家

雷切爾・維利特（2001年）

因卡・修尼巴爾（2010年～2012年）

卡塔琳娜・弗里奇（2013年～2015年）

漢斯・哈克（2015年～2016年）

大衛・史瑞格里（2016年～2018年）

曾在特拉法加廣場石台上展示的藝術品包括：
在玻璃瓶中的巨大模型船、青銅馬骨架雕像、騎著搖搖馬的孩子雕像、
巨大藍色公雞雕像，還有豎起的巨大拇指雕像。

你會在自己的迷你展示台擺上什麼呢？

塑膠積木模型？
黏土雕像？
一大根黃色香蕉？

什麼呢？

藝術家人偶DIY：

芙烈達・卡蘿

墨西哥肖像畫家

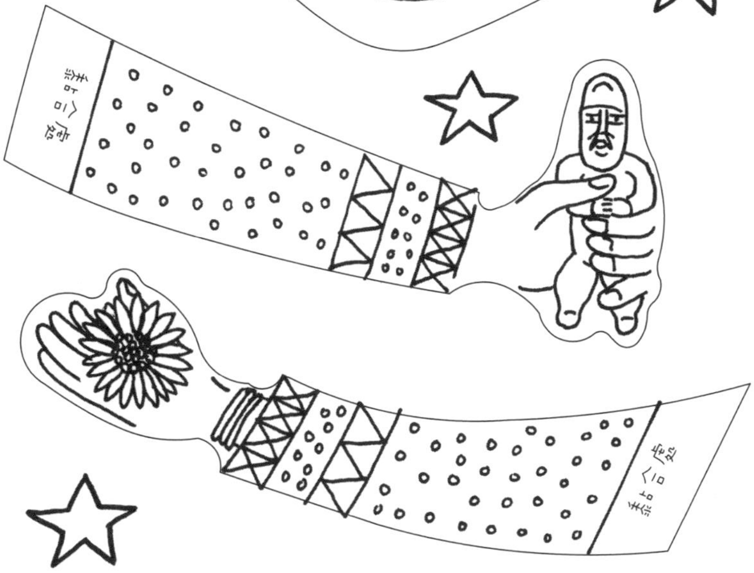

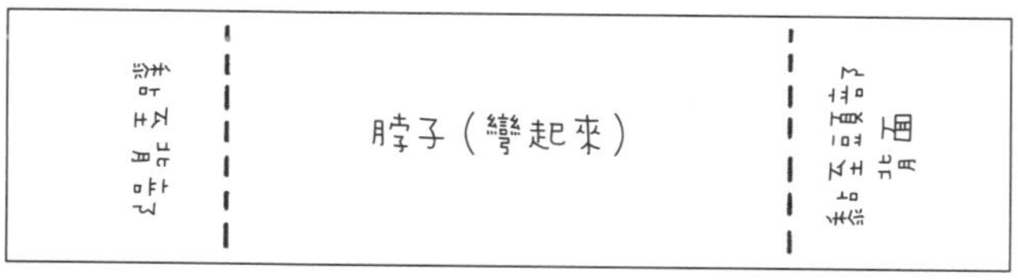

著色後剪下前頁人偶紙模型的所有零件，將身體摺成三角形並將鸚鵡和猴子立起來（鸚鵡和猴子頭上的實線部分要剪開），再將手臂黏到三角形裡面。最後黏上脖子，並將頭黏在脖子上。

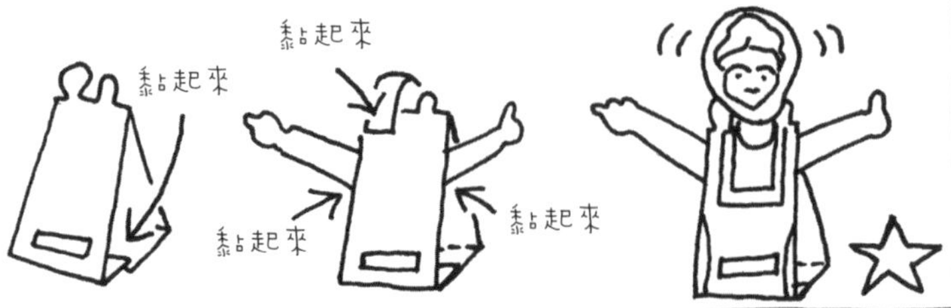

12歲的芙烈達

芙烈達是今日著名的偉大畫家，她風格強烈的自畫像極為有名。芙烈達於1907年在墨西哥出生，父親吉列爾莫是攝影師，在芙烈達及她姊妹們的一生中，為她們拍攝了許多照片。

令人遺憾的是，芙烈達的人生並不順遂。18歲時一場可怕的公車車禍，造成了她畢生的痛苦。躺在醫院病床上等待身體復原時，她開始作畫。

躺在家中床上的芙烈達正在作畫

芙烈達自畫像的特色是融入了自己的許多寵物。包括：

墨西哥無毛狗

蜘蛛猴

小鹿

老鷹

芙烈達於1954年過世。如今她比過去更受到大眾歡迎，也因此出現了一種熱中於了解她的生平、藝術及圖像的「芙烈達狂熱」現象。

我♥歐普藝術

布莉姬・萊利

☆ 歐普藝術（又稱「視覺藝術」）是以線條、形狀和顏色對比圖樣造成觀看者錯覺的一種藝術風格。

這個圖像就是典型的歐普畫作，靈感源自萊利的作品。

☆ 其中最著名的頂尖畫家之一就是布莉姬・萊利。她是1931年出生在英國的歐普藝術家。她的作品有〈方塊運動〉、〈不平順的中心〉與〈圓的構圖〉。

☆ 在具有萊利風格的右圖上用黑筆將圓圈間隔塗黑。留白處可以隨意塗上其他顏色或不著色。最後產生的效果很驚人哦！

旋轉這一頁！

會產生驚人的效果。

從哪個角度看？

霍爾班於1533年所繪的〈大使們〉

☆ 德國藝術家漢斯·霍爾班（1497年～1543年）所畫的〈大使們〉是幅巨型油畫。畫中有2位帶著珍奇異寶的富有外交官正在炫耀他們的財富，而前方地上則有個拉長的奇怪東西（如箭頭所示）。它究竟是什麼呢？

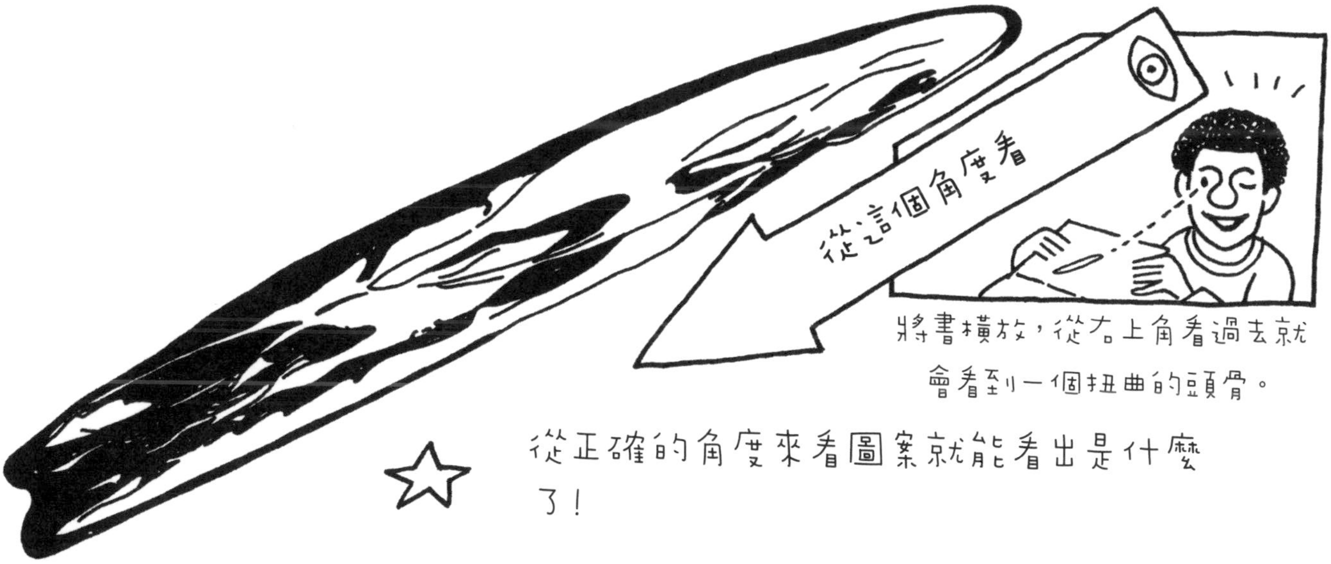

將書橫放，從右上角看過去就會看到一個扭曲的頭骨。

☆ 從正確的角度來看圖案就能看出是什麼了！

☆ 這個扭曲的圖案是「變形」藝術的著名例子。下方有簡單的方格可以畫出這類圖案。看看下方說明後翻至下一頁。

1. 在方格上畫圖，然後依據圖案在方格上的位置，將其對應畫到拉長的方格上。

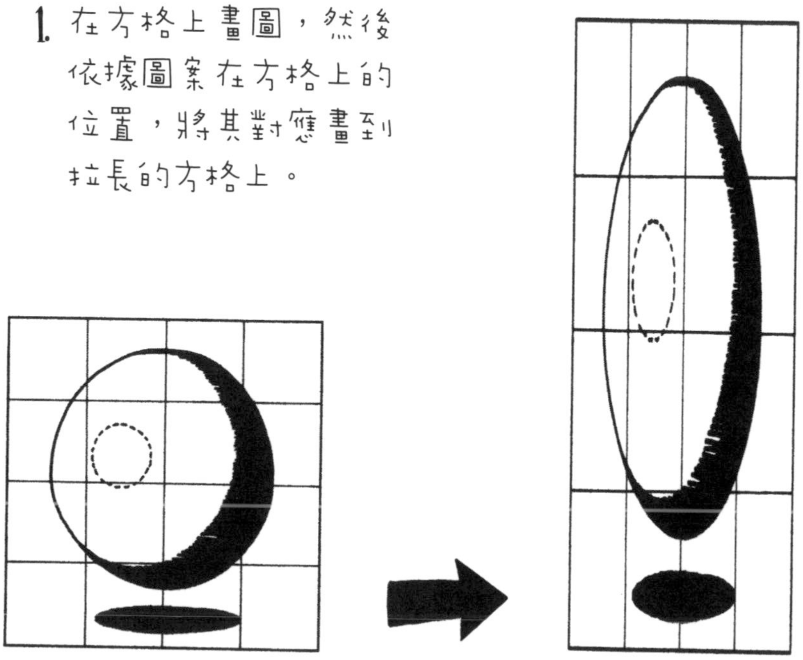

2. 畫好後，看是要擦掉格線，或是在另一張紙上畫個一模一樣的拉長圖都行。我們來看看吧！

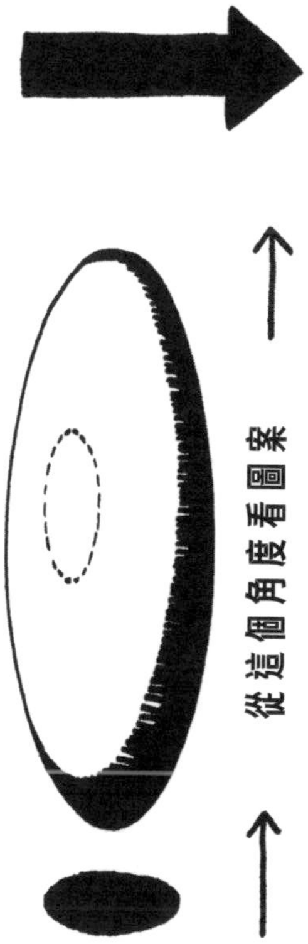

現在來畫張你自創的變形圖。先在正方形格線上畫個不要太複雜的圖案，然後依據圖案在方格中的位置，將圖案對應畫到拉長的方格中，以產生變形的效果。最後在沒有格線的白紙上再重描或重畫一個拉長的圖案就完成了。

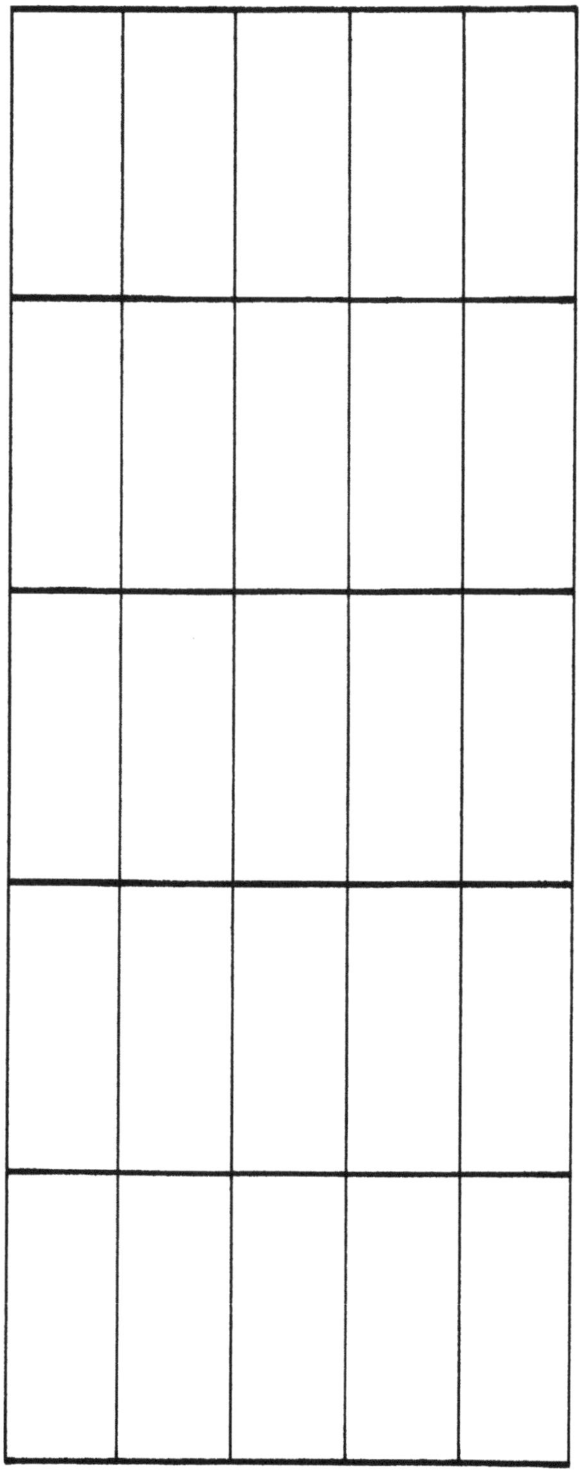

這個魔術方塊也是以極類似的方式拉長變形。

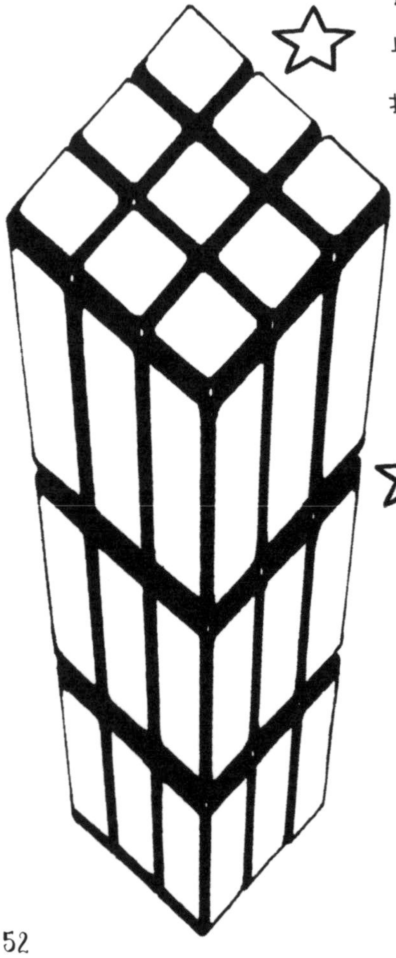

將這個魔術方塊
塗上顏色後，
從本頁下方看過去。

哇！

↑

你可以從這個角度來看你所畫出的圖案。

方格技巧

ROA（約於1976年出生）是比利時神秘街頭藝術家的藝名。街頭塗鴉藝術家常會使用藝名來為自己的畫作署名。ROA究竟是誰呢？

ROA以他在全球各地所畫的巨大動物壁畫聞名，這些畫作常會畫出動物體內的器官。

有時因為牆壁形狀的關係，從不同方向觀看他的畫作會出現不同的圖案。

這種技巧就是所謂的「光柵藝術」，你可以按照下頁說明做個帶有ROA風格的街頭壁畫。

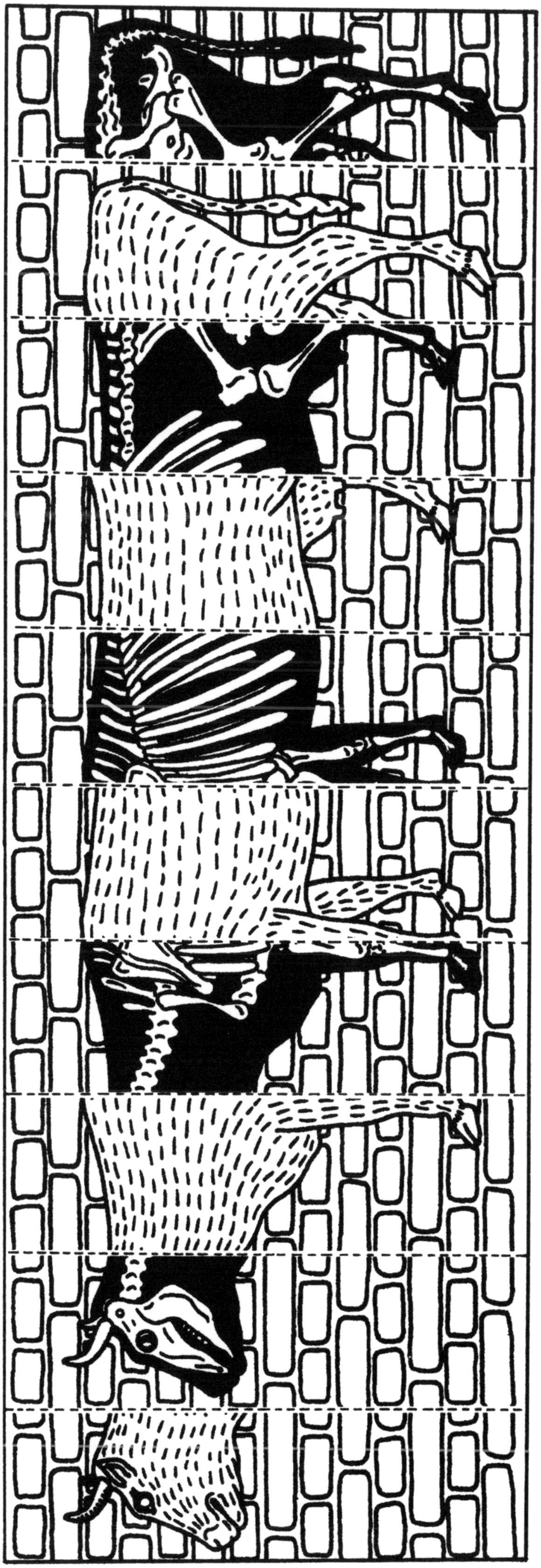

1. 將上頁圖案著色後小心剪下。

2. 沿虛線上下摺出波浪狀。

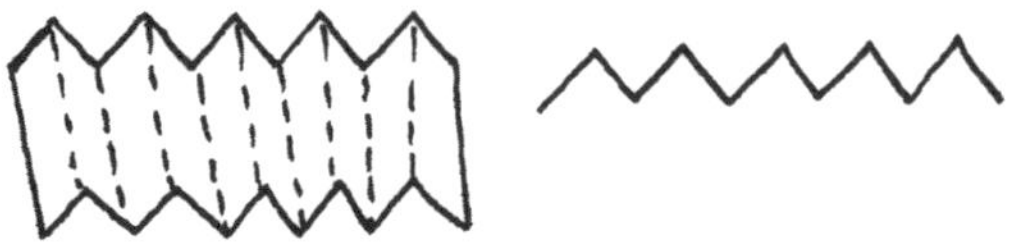

從不同的角度來看圖

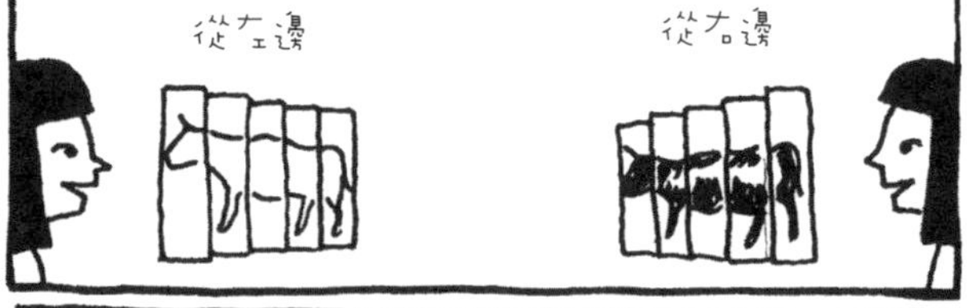

其他著名的街頭畫家

凱斯・哈林
美國畫家
(1958年～1990年)

「粉紅佳人」(LADY PINK)
厄瓜多裔美籍畫家
(1964年出生)

「FALKO ONE」
南非畫家
(1973年出生)

「班克西」(BANKSY)
英國畫家
(身分不明)

☆ 現在來創作你自己的光柵變圖吧！

做個相框吧！

查爾斯·雷尼·麥金托什

做個簡單的紙相框，就能將一張圖神奇地轉變成藝術品。

1. 將相框著色後沿實線小心剪下。

2. 用美工刀割下中間有字的長方形。

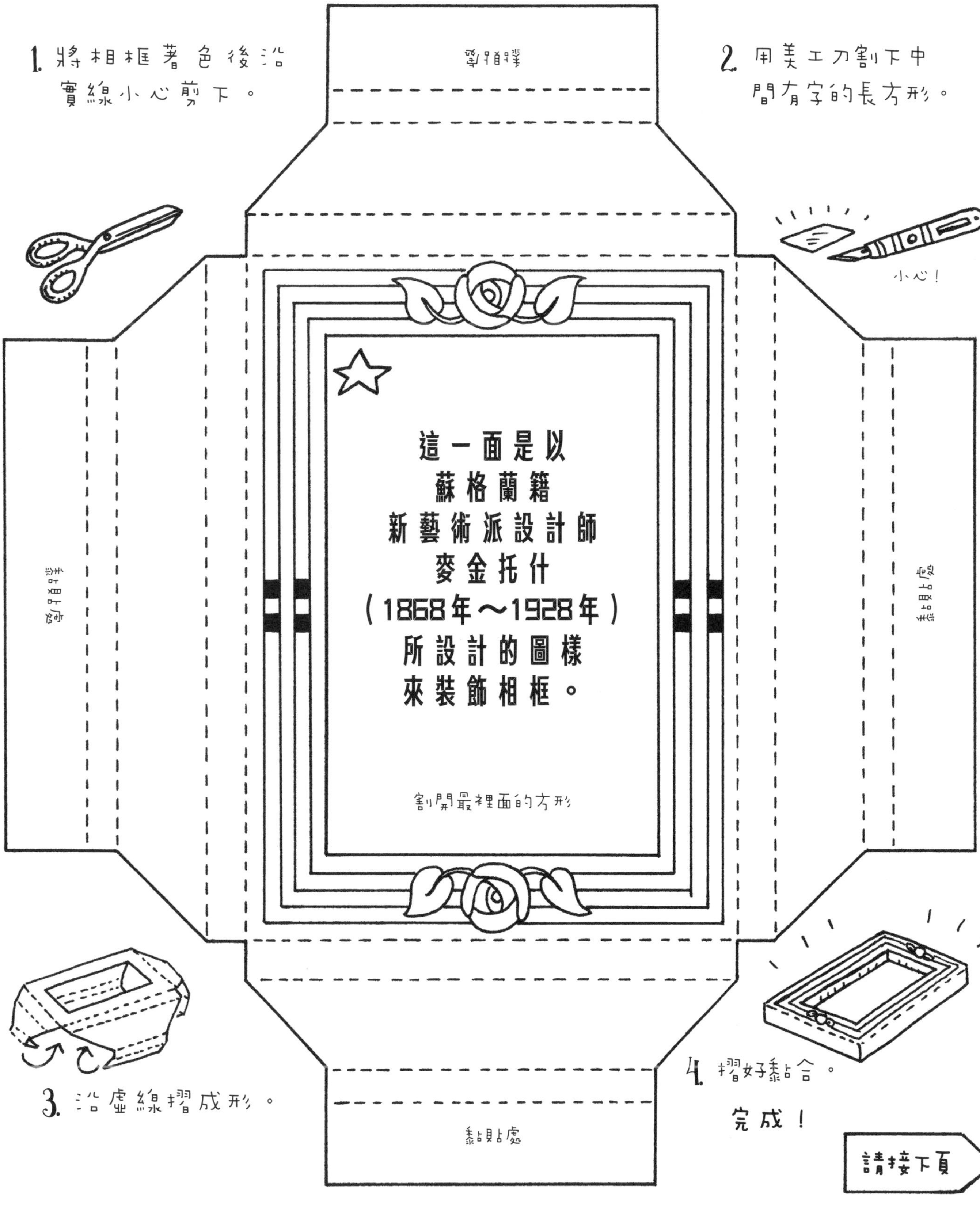

小心！
黏貼處
黏貼處
黏貼處
這一面是以
蘇格蘭籍
新藝術派設計師
麥金托什
（1868年～1928年）
所設計的圖樣
來裝飾相框。
割開最裡面的方形
黏貼處

3. 沿虛線摺成形。

4. 摺好黏合。

完成！

請接下頁

神奇相框的作法

1. 試著在相框中放上你的畫作，或是放上書本及報章雜誌裡的圖片。

2. 很奇妙地，只是把圖片放在相框中就會改變我們看到圖片時的感受。圖片就會變成藝術品。

在相框中放上你的畫作

放上一張照片

這一面是還沒有設計的相框，你也可以依自己的喜好來為相框上色及裝飾，設計出自己的圖樣後再反向摺好黏合相框。

放上從書報剪下的圖片

透過相框看世界！